有色金属行业教材建设项目

普通高等教育新工科人才培养
地球物理学专业精品教材

U0747894

数字信号分析与
数据处理实验教程（MATLAB版）

Experimental Tutorial on Digital Signal Analysis and
Data Processing（MATLAB Version）

童孝忠　　裴婧 ⊙ 编著

中南大学出版社
www.csupress.com.cn
·长沙·

内容简介

　　本书是"数字信号分析与数据处理"课程的实验教材，实验内容紧密结合课程的理论教学，全面系统地介绍了利用 MATLAB 对信号与系统相关理论知识进行计算机仿真的具体方法，并给出了详细的 MATLAB 程序示例分析。全书共有 11 个实验，内容包括连续时间信号与系统的时域分析、离散时间信号与系统的时域分析、连续时间信号与系统的频域分析、连续时间信号与系统的复频域分析，以及离散时间信号与系统的 Z 域分析。本书的取材大多出自笔者的科研与教学实践，在内容安排上注重理论的系统性和自包容性，同时兼顾实际应用中的各类技术问题。

　　本书可作为地球物理学专业"数字信号分析与数据处理"课程的教学参考书，也可作为研究生、科研和工程技术人员的参考用书。

前 言

　　"数字信号分析与数据处理"是地球物理学专业一门重要的基础课，通过本课程的学习，学生初步掌握信号与系统的基础理论和方法，为地球物理信号处理、地球物理特殊方程、计算地球物理等课程的学习奠定必要的基础。长期以来，"信号与系统"课程一直采用单一理论教学方式，同学们仅依靠做习题来巩固和理解教学内容，虽然手工演算训练了计算能力和思维方法，但是由于课程数学公式推导较多、概念抽象，经常需要绘制各种信号波形，做题时难免花费很多时间。

　　2018 年 10 月，教育部印发的《关于加快建设高水平本科教育全面提高人才培养能力的意见》中，明确提出要推进现代信息技术与教育教学深度融合、实现信息化技术的本科课程教学。MATLAB 软件是一款十分专业的实用型商业数学工具，它以强大的科学计算与图形可视化功能、开放式可扩展环境，以及面向不同领域的工具箱支持，在许多科学领域成为算法研究和应用开发的基本平台。同时，MATLAB 也是联系理论教学与实践计算的一座桥梁，若在本科实验课程教材中融入 MATLAB 信息技术，实现实验课程的辅助教学，定能激发学生的学习兴趣，调动他们学习的主体能动性。

　　本书将信号与系统与 MATLAB 程序相结合，实现"数字信号分析与数据处理"实验课程的辅助教学。借助 MATLAB 的图形绘制技术，建立连续时间信号和离散时间信号的可视化表示；利用 MATLAB 数值计算，实现信号与系统的时频域分析；利用 MATLAB 符号计算，实现时间信号的积分变换运算。通过这些练习，同学们在学习"信号与系统"课程的同时，掌握 MATLAB 的基本应用，学会应用 MATLAB 的数值计算和符号计算功能，摆脱烦琐的数学运算，从而更注重对信号与系统的基本分析方法和应用的理解与思考，将课程的重点、难点及部分习题用 MATLAB 进行形象、直观的可视化计算机模拟与仿真实现，加深对信号与系统的基本原理、方法及应用的理解，为学习后续课程打好基础。

　　本书可作为地球物理学专业本科生的实验教学用书，也可作为科研和工程技术人员的参考用书。读者需要具备复变函数、积分变换和 MATLAB 语言方面的初步知识。书中有关的 MATLAB 程序代码及教材使用中的问题可以通过笔者主页 http://faculty. csu. edu. cn/ xztong 或电子邮箱 csumaysnow@ csu. edu. cn 与笔者联系。

在本书编写过程中，中南大学刘海飞老师给予了大力支持并提出了完善结构、体系方面的建议；中南大学裴婧老师撰写了部分章节内容(8 万字左右)；东华理工大学汤文武老师对本书的写作纲要提出了具体的补充与调整建议并予以鼓励。在此感谢两位老师的支持和帮助。同时，特别感谢中国海洋大学的刘颖老师提出的宝贵意见及与其有益的讨论。

由于笔者水平有限，加上时间仓促，书中难免出现不妥之处，敬请读者批评指正。

编著者

2024 年 9 月于岳麓山

目　录

实验 1　连续时间信号的生成与可视化

一、实验目的

（1）了解典型的连续时间信号及其特点。
（2）掌握 MATLAB 生成典型连续时间信号的方法。
（3）掌握连续时间信号的 MATLAB 可视化方法。

二、实验涉及的 MATLAB 子函数

1. plot( )

功能：绘制二维曲线图。
调用格式：
plot(y)
plot(x1,y1,...)
plot(x1,y1,linespec,...)
plot(...,'propertyname',propertyvalue,...)
plot(axes_handle,...)
h = plot(...)
hlines = plot('v6',...)

2. real( )

功能：求复数的实部值。
调用格式：
x = real(z)

3. imag( )

功能：求复数的虚部值。
调用格式：
y = imag(z)

4. heaviside( )

功能：生成单位阶跃函数。

调用格式：

y = heaviside(x)

5. sinc( )

功能：生成 sinc 函数波形。

调用格式：

y = sinc(x)

6. rectpuls( )

功能：生成矩形脉冲信号。

调用格式：

y = rectpuls(t)

y = rectpuls(t,w)

三、实验原理

从严格意义上讲，MATLAB 并不能生成连续时间信号。MATLAB 利用连续时间信号在等间隔时间的样值来近似表示连续信号，当取样时间间隔足够小时，这些离散的样点就能够很好地近似表示连续信号。

MATLAB 提供了一些内置函数来实现典型连续时间信号的生成，如正弦信号、指数信号、单位阶跃信号和脉冲信号，这些函数都是信号分析的基础。

1. 正弦信号

正弦信号是一种应用十分广泛的连续时间信号，其表达式为

$$f(t) = A\sin(\omega t + \theta)$$

式中：A 为幅值；θ 为初相位；ω 为角频率。正弦函数的周期 T、频率 f 与角频率 ω 之间的关系为

$$T = \frac{1}{f} = \frac{2\pi}{\omega}$$

例 1.1 绘制 4 个周期的正弦信号 $f(t) = 3\sin\left(2\pi t + \dfrac{\pi}{2}\right)$。

解 周期 $T = 2\pi/\omega = 2\pi/2\pi = 1$，写出该正弦信号的 MATLAB 脚本程序如下：

```
clear all;
A=3;
omega=2*pi;
T=2*pi/omega;
```

```
t=0:0.01:4*T;
f=A*sin(omega*t+pi/2);
plot(t,f,'linewidth',2);
xlabel('t/s');
ylabel('f(t)');
```

程序执行后，生成的正弦信号如图 1.1 所示。

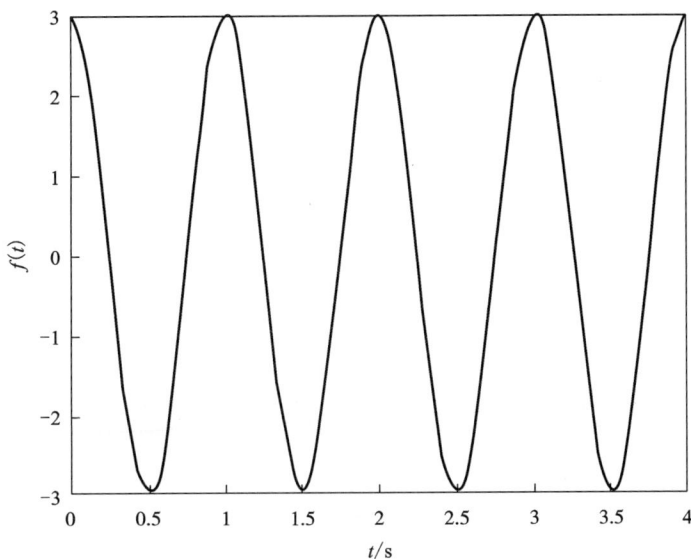

图 1.1　生成的正弦信号

2. 指数信号

指数信号的表达式为

$$f(t)=Ae^{bt}$$

式中：A 为正常数；b 为实数。

当 $b>0$ 时，$f(t)$ 随着时间增长而单调增长；当 $b<0$ 时，$f(t)$ 随着时间增长而单调衰减；当 $b=0$ 时，$f(t)=A$，为一直流信号。实际上用得较多的是单边指数信号，其表达式为

$$f(t)=\begin{cases} Ae^{bt}, & t\geqslant 0 \\ 0, & t<0 \end{cases}$$

若记 $\tau=1/b$，则把 τ 称为时间常数。

例 1.2　绘制单边衰减信号 $f(t)=\begin{cases} 3e^{-2t}, & t\geqslant 0 \\ 0, & t<0 \end{cases}$

解　MATLAB 脚本程序如下：

```
clear all;
t=0:0.01:5;
f=3*exp(-2*t);
```

```
plot(t,f,'linewidth',2);
axis([0 5 -0.2 3.2]);
xlabel('t/s');
ylabel('f(t)');
```

运行结果如图 1.2 所示。

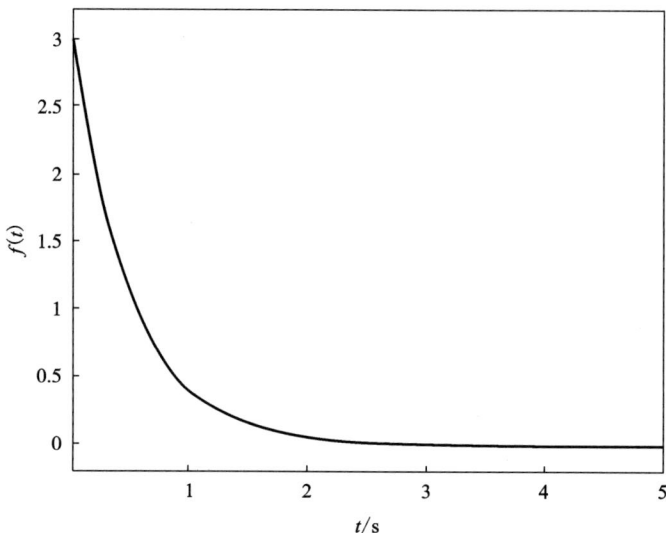

图 1.2　生成的单边衰减指数信号

3. 复指数信号

复指数信号的表达式为

$$f(t) = A\mathrm{e}^{bt} = A\mathrm{e}^{(\sigma + \mathrm{j}\omega)t}$$

式中：$b = \sigma + \mathrm{j}\omega$。尽管实际的装置不可能生成复指数信号，但其在信号分析理论中占有重要的位置。

当 $\sigma \neq 0$ 时，利用欧拉公式可得

$$\mathrm{e}^{(\sigma + \mathrm{j}\omega)t} = \mathrm{e}^{\sigma t}[\cos(\omega t) + \mathrm{j}\sin(\omega t)]$$

当 $\sigma < 0$ 时，复指数信号的实部与虚部分别为衰减的余弦与正弦信号；当 $\sigma > 0$ 时，复指数信号的实部与虚部为增长的余弦与正弦信号。

例 1.3　生成复指数信号 $f_1(t) = \mathrm{e}^{(-0.5+\mathrm{j}2\pi)t}$ 与 $f_2(t) = \mathrm{e}^{(0.5+\mathrm{j}2\pi)t}$。

解　复指数信号 $f_1(t) = \mathrm{e}^{(-0.5+\mathrm{j}2\pi)t}$ 的实部与虚部分别为 $\mathrm{e}^{-0.5t}\cos(2\pi t)$ 和 $\mathrm{e}^{-0.5t}\sin(2\pi t)$，而复指数信号 $f_2(t) = \mathrm{e}^{(0.5+\mathrm{j}2\pi)t}$ 的实部与虚部分别为 $\mathrm{e}^{0.5t}\cos(2\pi t)$ 和 $\mathrm{e}^{0.5t}\sin(2\pi t)$。MATLAB 脚本程序如下：

```
clear all;
t=-3:0.01:3;
f1=exp((-0.5+j*2*pi)*t);
f2=exp((0.5+j*2*pi)*t);
```

```
subplot(221)
plot(t,real(f1),'linewidth',2);
axis([-3 3 -5 5]);
xlabel('t/s');
ylabel('e^{-0.5t}cos(2\pit)');
subplot(222)
plot(t,imag(f1),'linewidth',2);
axis([-3 3 -5 5]);
xlabel('t/s');
ylabel('e^{-0.5t}sin(2\pit)');
subplot(223)
plot(t,real(f2),'linewidth',2);
axis([-3 3 -5 5]);
xlabel('t/s');
ylabel('e^{0.5t}cos(2\pit)');
subplot(224)
plot(t,imag(f2),'linewidth',2);
axis([-3 3 -5 5]);
xlabel('t/s');
ylabel('e^{0.5t}sin(2\pit)');
```

运行结果如图 1.3 所示。

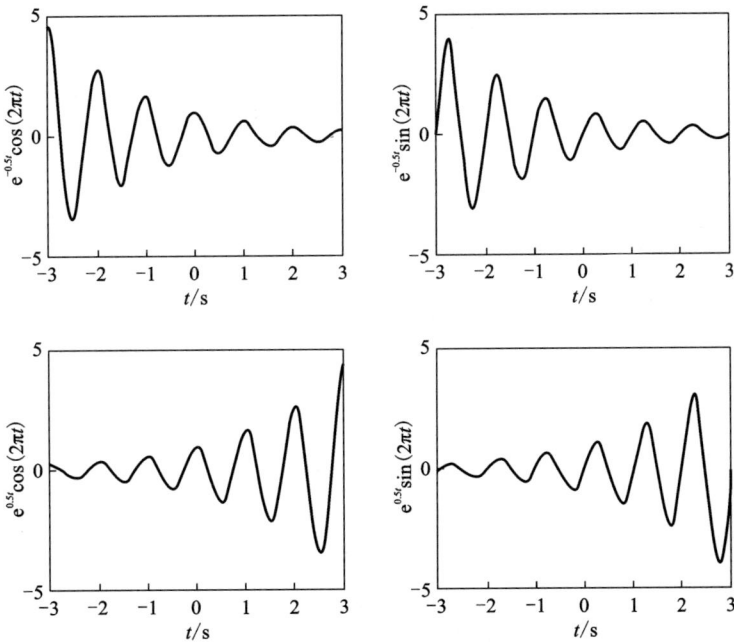

图 1.3　生成的复指数信号

4. 抽样信号

抽样信号的函数表达式如下：

$$\mathrm{Sa}(t) = \frac{\sin t}{t}$$

显然，$\mathrm{Sa}(t)$ 是偶函数。抽样信号不是实际物理装置所能产生的信号，但在信号分析中占有比较重要的地位。MATLAB 提供的 sinc 函数可用于生成抽样信号，且有 $\mathrm{sinc}(t) = \dfrac{\sin \pi t}{\pi t}$。

例1.4 利用 sinc 函数生成抽样信号 $\mathrm{Sa}(t)$。

解 MATLAB 脚本程序如下：

```
clear all;
t=-20:0.01:20;
f=sinc(t/pi);
plot(t,f,'linewidth',2);
axis([-20 20 -0.4 1.2]);
xlabel('t/s');
ylabel('Sa(t)');
```

运行结果如图 1.4 所示。

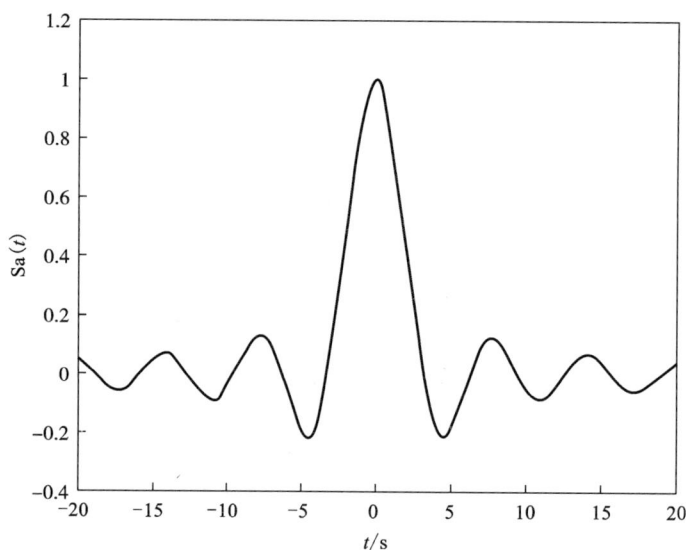

图 1.4 生成的抽样信号

5. 单位阶跃信号

单位阶跃信号的定义式为

$$u(t) = \begin{cases} 0, & t<0 \\ 0.5, & t=0 \\ 1, & t>0 \end{cases}$$

MATLAB 提供了 heaviside 函数用于生成单位阶跃信号。

例 1.5　利用 heaviside 函数生成单位阶跃信号 $u(t)$。

解　MATLAB 脚本程序如下：

```
clear all;
t=-5:0.01:10;
u=heaviside(t);
plot(t,u,'linewidth',2);
axis([-5 10 -0.2 1.2]);
xlabel('t/s');
ylabel('u(t)');
```

运行结果如图 1.5 所示。

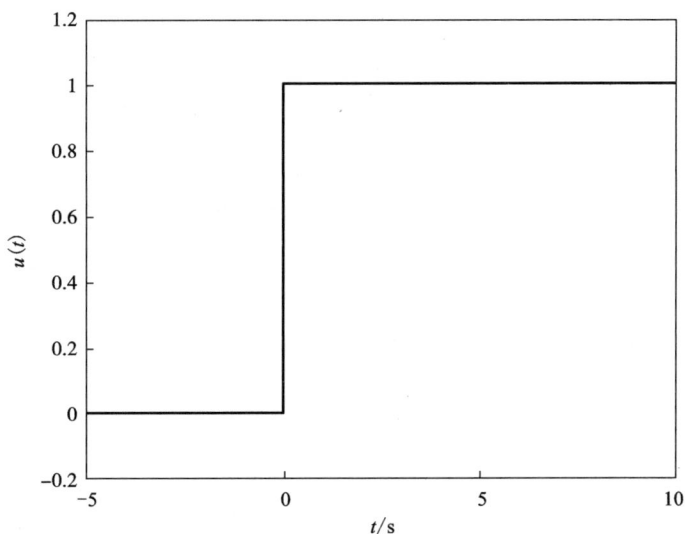

图 1.5　生成的单位阶跃信号

6. 斜变信号

斜变信号的定义式为

$$r(t)=\begin{cases}t, & t\geqslant 0 \\ 0, & t<0\end{cases}$$

根据单位阶跃信号的定义式可知

$$r(t)=t \cdot u(t)$$

例 1.6　利用 heaviside 函数生成斜变信号 $r(t)$。

解　MATLAB 脚本程序如下：

```
clear all;
t=-5:0.01:10;
r=t.*heaviside(t);
plot(t,r,'linewidth',2);
```

axis([- 5 10 - 2 10]);

xlabel('t/s');

ylabel('r(t)');

运行结果如图 1.6 所示。

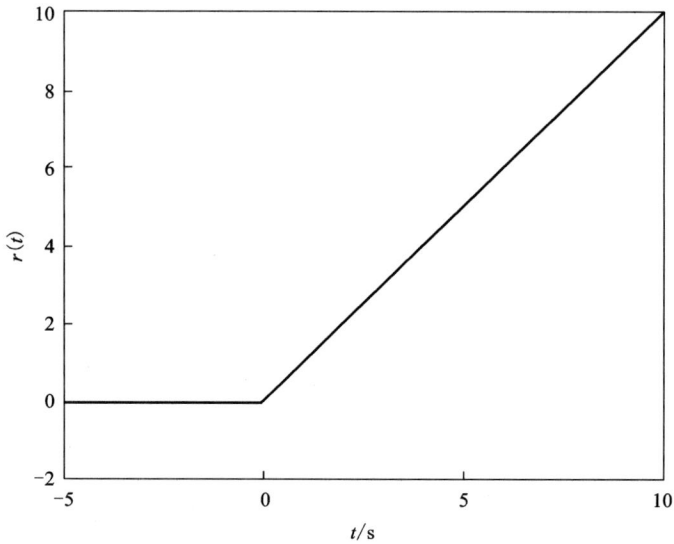

图 1.6　生成的斜变信号

7. 符号信号

符号信号的定义式为

$$\operatorname{sgn}(t)=\begin{cases}-1, & t<0 \\ 1, & t>0\end{cases}$$

符号信号与单位阶跃信号有如下关系：

$$\operatorname{sgn}(t)=2u(t)-1$$

例 1.7　利用 heaviside 函数生成符号信号 $\operatorname{sgn}(t)$。

解　MATLAB 脚本程序如下：

clear all;

t=- 5:0.01:5;

u=2*heaviside(t)- 1;

plot(t,u,'linewidth',2);

axis([- 5 5 - 1.2 1.2]);

xlabel('t/s');

ylabel('sgn(t)');

运行结果如图 1.7 所示。

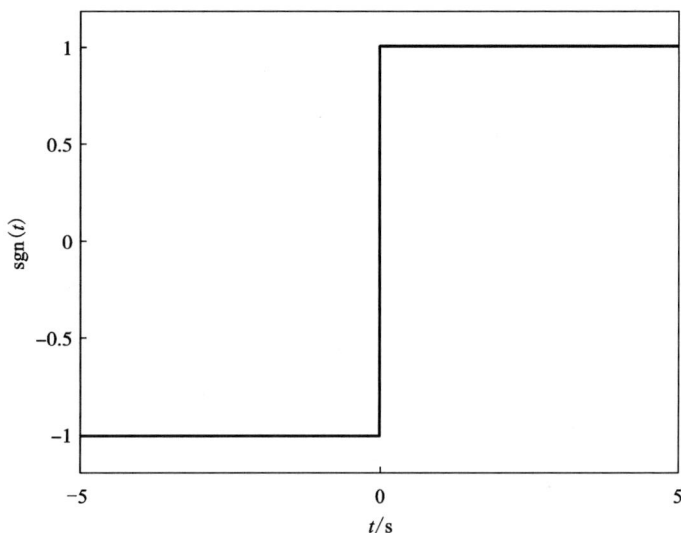

图 1.7　生成的符号信号

8. 矩形脉冲信号

矩形脉冲信号的定义式为

$$pT(t) = \begin{cases} 1, & |t| < \dfrac{T}{2} \\ 0, & |t| > \dfrac{T}{2} \end{cases}$$

矩形脉冲信号与单位阶跃信号有如下关系：

$$pT(t) = u\left(t + \dfrac{T}{2}\right) - u\left(t - \dfrac{T}{2}\right)$$

例 1.8　生成矩形脉冲信号 $pT(t) = \begin{cases} 1, & |t| < 2 \\ 0, & |t| > 2 \end{cases}$。

解　根据 $T = 4$ 可得 $pT(t) = u(t+2) - u(t-2)$。

方法一：利用 heaviside 函数生成矩形脉冲信号，MATLAB 脚本程序如下：

```
clear all;
t = - 5:0.01:5;
u1 = heaviside(t+2);
u2 = heaviside(t- 2);
p = u1- u2;
plot(t,p,'linewidth',2);
axis([- 5 5 - 0.2 1.2]);
xlabel('t/s');
ylabel('pT(t)');
```

方法二：利用 rectpuls 函数生成矩形脉冲信号，MATLAB 脚本程序如下：

```
clear all;
t=- 5:0.01:5;
p=rectpuls(t,4);
plot(t,p,'linewidth',2);
axis([- 5 5 - 0.2 1.2]);
xlabel('t/s');
ylabel('pT(t)');
```

运行结果如图1.8所示。

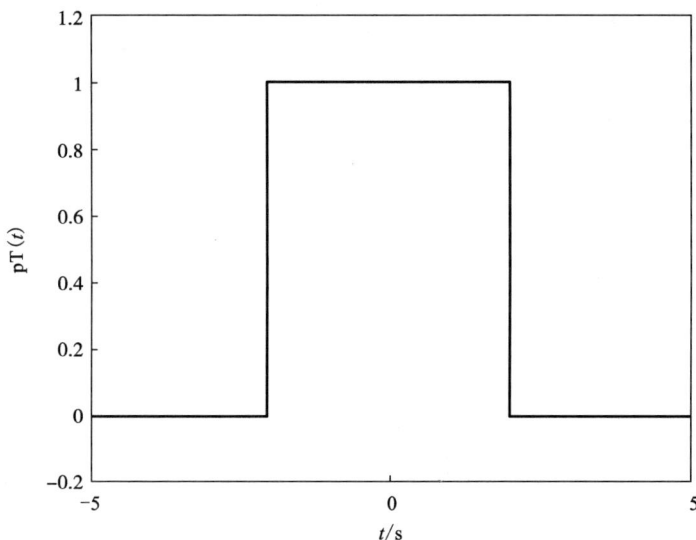

图 1.8 生成的矩形脉冲信号

9. 单位冲激信号

单位冲激信号的定义式为

$$\delta(t)=\begin{cases}\infty, & t=0\\ 0, & t\neq 0\end{cases}$$

为了便于 MATLAB 可视化单位冲激信号，我们将 $\delta(t)$ 改写为

$$\delta(t)=\begin{cases}1, & t=0\\ 0, & t\neq 0\end{cases}$$

这样，就可以利用 gauspuls 函数生成单位冲激信号。

例 1.9 生成单位冲激信号 $\delta(t)$。

解 MATLAB 脚本程序如下：

```
clear all;
t=- 5:0.01:5;
f=gauspuls(t);
```

plot(t,f,'linewidth',2);

axis([- 5 5 - 0.2 1.2]);

xlabel('t/s');

ylabel('\delta(t)');

运行结果如图1.9所示。

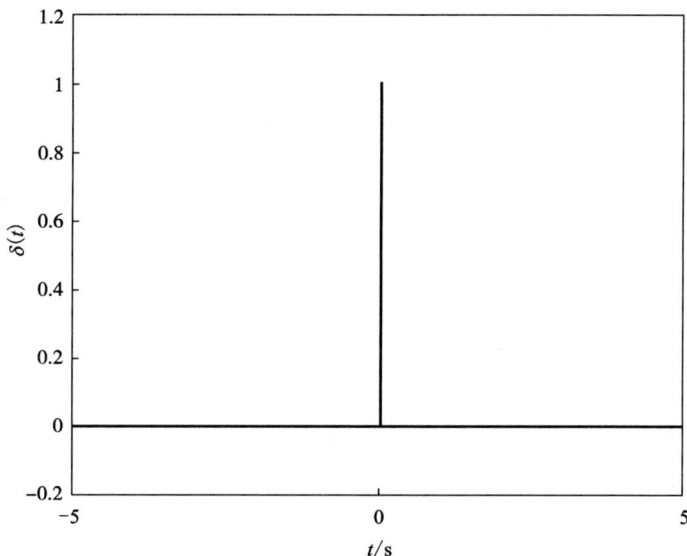

图1.9　生成的单位冲激信号

四、实验任务

(1)绘制4个周期的连续时间信号 $f(t)=\cos(2\pi t)+\sin(3\pi t)$ 。

(2)绘制连续时间信号 $f(t)=te^{-t}$, $0 \leqslant t \leqslant 10$ 。

(3)编写 MATLAB 程序,生成衰减正弦信号 $f(t)=e^{-t}\cos(2\pi t)$,并画出其波形及包络线。

(4)绘制连续时间信号 $f(t)=t\sin(2\pi t)[u(t)-u(t-3)]$ 。

(5)编制 MATLAB 程序,生成如下连续时间信号并绘制其波形图:
$$f(t)=3r(t+3)-6r(t+1)+3r(t)-3u(t-3) , \ |t| \leqslant 5$$

五、实验预习要求

(1)认真阅读实验原理,明确本次实验任务。

(2)读懂生成各典型连续时间信号的 MATLAB 程序。

(3)根据实验任务预先编写实验程序。

六、实验报告要求

(1)简述实验目的和实验原理。
(2)列出调试通过的实验程序代码,并给出实验结果。
(3)写出实验总结及收获。

七、思考题

(1)例题程序采用 MATLAB 内置函数 sinc 生成了采样信号 Sa(t),如果直接采用正弦函数实现 Sa(t) = sint/t,程序该如何实现?

(2)如何利用 MATLAB 的符号计算功能,实现连续时间信号的生成和可视化操作?

(3)如何构建周期连续时间信号? 比如,连续周期矩形方波信号、连续周期三角波信号的生成,请同学们自行查阅 gensig 函数的调用说明。

实验 2　连续时间信号的基本运算

一、实验目的

(1)掌握连续时间信号的时域自变量变换和奇偶分解的方法。

(2)熟悉 MATLAB 实现连续时间信号运算的常用函数。

(3)掌握连续时间信号运算的 MATLAB 程序编制。

二、实验涉及的 MATLAB 子函数

1. fliplr( )

功能：对向量或矩阵实现左右翻转。

调用格式：

B = fliplr(A)

2. dirac( )

功能：生成单位冲激函数。

调用格式：

y = dirac(x)

3. int( )

功能：计算不定积分或定积分。

调用格式：

R= int(S,v)

R= int(S,v,a,b)

三、实验原理

在信号的传输与处理过程中往往需要进行信号的运算，它包括信号的移位(时移或延时)、反转、尺度变换(压缩与扩展)、微分、积分以及两信号的相加或相乘。

1. 信号的相加和相乘

连续时间信号相加是指两信号在对应时刻进行加法运算，即

$$f(t)=g(t)+h(t)$$

连续时间信号相乘是指两信号在对应时刻进行乘法运算，即

$$f(t)=g(t)\cdot h(t)$$

需要指出的是，在通信系统的调制、解调等过程中，经常遇到两信号相乘运算。

例 2.1 已知连续时间信号 $g(t)=2\cos(4t)$、$h(t)=\sin(2t-\pi/4)$，利用 MATLAB 绘制 $f(t)=g(t)+h(t)$ 的波形。

解 MATLAB 脚本程序如下：

```
clear all;
t=-2:0.01:4;
g=2*cos(4*t);
h=sin(2*t- pi/4);
f=g+h;
subplot(311)
plot(t,g,'linewidth',2);
xlabel('t/s');
ylabel('g(t)=2cos(4t)');
subplot(312)
plot(t,h,'linewidth',2);
xlabel('t/s');
ylabel('h(t)=sin(2t- \pi/4)');
subplot(313)
plot(t,f,'linewidth',2);
xlabel('t/s');
ylabel('f(t)=g(t)+h(t)');
```

运行结果如图 2.1 所示。

例 2.2 已知连续时间信号 $g(t)=\mathrm{e}^{-0.25t}$、$h(t)=\cos(0.5\pi t)$，利用 MATLAB 绘制 $f(t)=g(t)\cdot h(t)=\mathrm{e}^{-0.25t}\cos(0.5\pi t)$ 的波形。

解 MATLAB 脚本程序如下：

```
clear all;
t=0:0.1:20;
g=exp(- 0.25*t);
h=cos(0.5*pi*t);
f=g.*h;
subplot(311)
plot(t,g,'linewidth',2);
axis([0 10 0 1.2]);
```

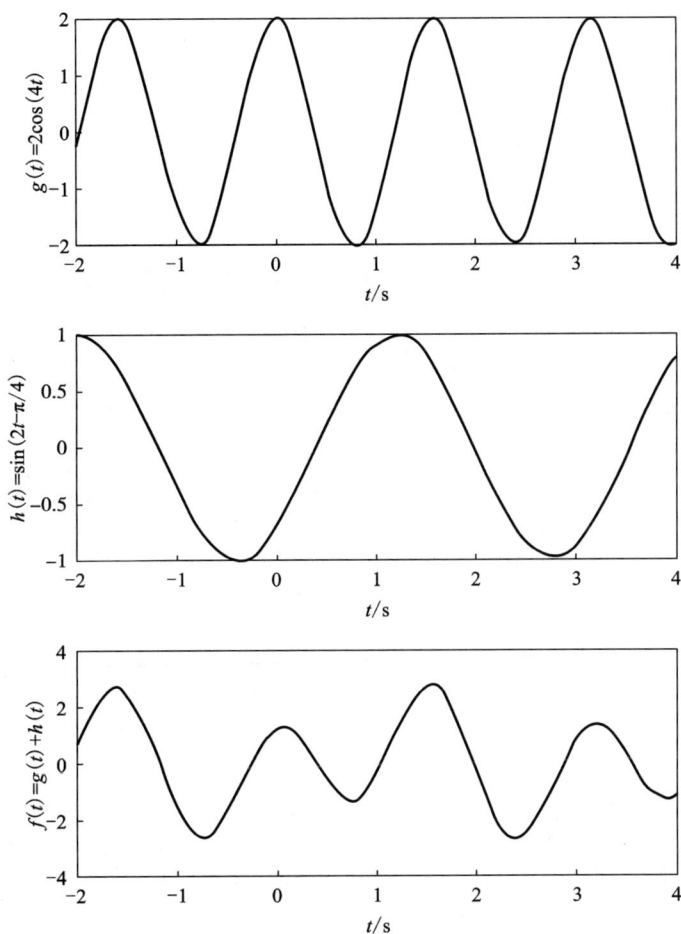

图 2.1　连续时间信号相加

```
xlabel('t/s');
ylabel('g(t)＝e^{- 0.25t}');
subplot(312)
plot(t,h,'linewidth',2);
axis([0 10 - 1.2 1.2]);
xlabel('t/s');
ylabel('h(t)＝cos(0.5\pit)');
subplot(313)
plot(t,f,'linewidth',2);
axis([0 10 - 1.2 1.2]);
xlabel('t/s');
ylabel('f(t)＝g(t)\cdoth(t)');
```

运行结果如图 2.2 所示。

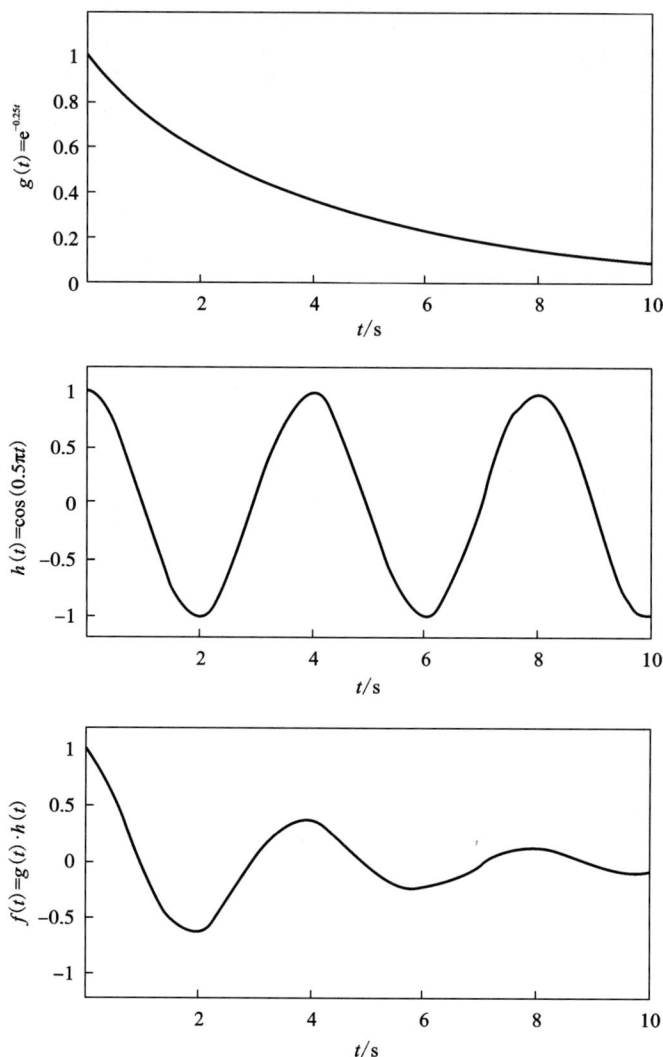

图 2.2 连续时间信号相乘

2. 信号的时域反转

连续时间信号的反转是将 $f(t)$ 的自变量 t 更换为 $-t$，此时 $f(-t)$ 的波形相当于将 $f(t)$ 以 $t=0$ 为轴反转过来。对于这种运算，MATLAB 实现起来非常简单，可以通过修改绘图函数 $\text{plot}(t, f)$ 的时间变量 t，也可以利用函数 fliplr 来实现。

例 2.3 已知一个连续时间信号：

$$f(t) = e^{-0.5t}\cos(2\pi t),\ 0 \leqslant t \leqslant 4$$

利用 MATLAB 绘制 $f(-t)$ 的波形。

解 方法一：修改绘图函数 plot，建立时域信号反转，MATLAB 脚本程序如下：

```
clear all;
t=0:0.01:4;
```

```
f=exp(- 0.5*t).*cos(2*pi*t);
subplot(121)
plot(t,f,'linewidth',2);
axis([ 0 4 - 1 1 ]);
xlabel('t/s');
ylabel('f(t)');
subplot(122)
plot(- t,f,'linewidth',2);
axis([ - 4 0 - 1 1 ]);
xlabel('t/s');
ylabel('f(- t)');
```

方法二：利用函数 fliplr 建立时域信号反转，MATLAB 脚本程序如下：

```
clear all;
t=0:0.01:4;
f=exp(- 0.5*t).*cos(2*pi*t);
t1 = - fliplr(t);
f1 = fliplr(f);
subplot(121)
plot(t,f,'linewidth',2);
axis([ 0 4 - 1 1 ]);
xlabel('t/s');
ylabel('f(t)');
subplot(122)
plot(t1,f1,'linewidth',2);
axis([ - 4 0 - 1 1 ]);
xlabel('t/s');
ylabel('f(- t)');
```

运行结果如图 2.3 所示。

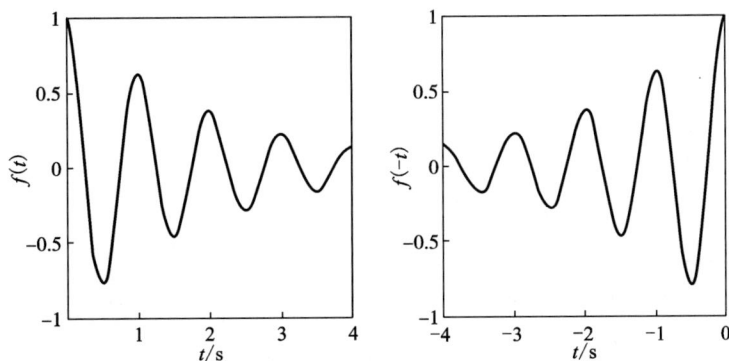

图 2.3 连续时间信号反转

3. 信号的时移

连续时间信号的时移是将 $f(t)$ 的自变量 t 更换为 $t+t_0$（t_0 为正或负实数），此时 $f(t+t_0)$ 的波形相当于将 $f(t)$ 波形在 t 轴上整体移动。当 $t_0>0$ 时，$f(t+t_0)$ 为信号 $f(t)$ 左移 t_0 的结果；当 $t_0<0$ 时，$f(t+t_0)$ 为信号 $f(t)$ 右移 t_0 的结果。在雷达和地震信号检测问题中容易找到信号移位现象的实例。

MATLAB 实现连续信号的时移运算非常方便，只需将绘图函数 $\text{plot}(t, f)$ 的时间变量 t 修改为 $t+t_0$ 即可。

例 2.4 已知一个连续时间信号：
$$f(t) = e^{-0.5t}\cos(2\pi t) , \ 0 \leqslant t \leqslant 4$$
利用 MATLAB 绘制 $f(t+4)$ 和 $f(t-4)$ 的波形。

解 MATLAB 脚本程序如下：

```
clear all;
t=0:0.01:4;
f=exp(-0.5*t).*cos(2*pi*t);
subplot(311)
plot(t,f,'linewidth',2);
axis([0 4 -1 1]);
xlabel('t/s');
ylabel('f(t)');
subplot(312)
plot(t+4,f,'linewidth',2);
axis([4 8 -1 1]);
xlabel('t/s');
ylabel('f(t-4)');
subplot(313)
plot(t-4,f,'linewidth',2);
axis([-4 0 -1 1]);
xlabel('t/s');
ylabel('f(t+4)');
```

运行结果如图 2.4 所示。

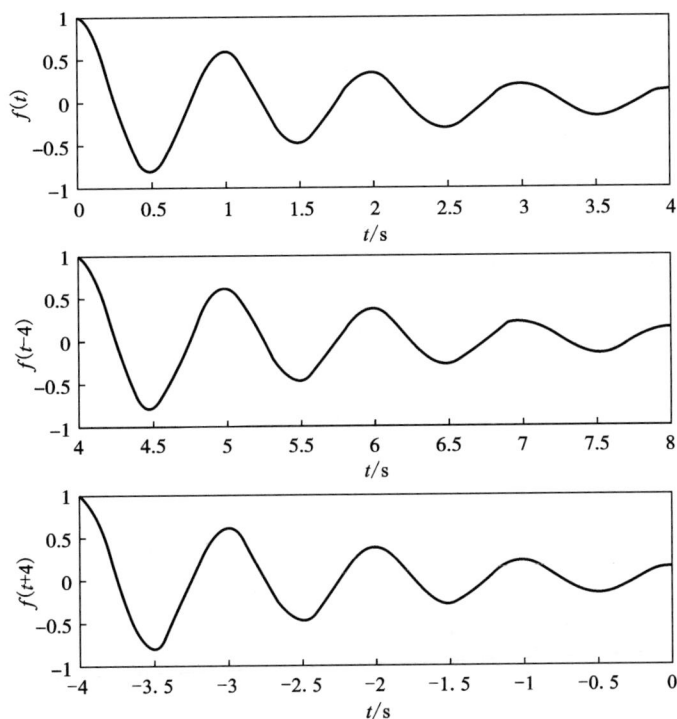

图 2.4　连续时间信号的时移

4. 信号的时域尺度变换

连续时间信号的尺度变换是将 $f(t)$ 的自变量 t 乘以正实系数 a，其信号 $f(at)$ 的波形相当于将 $f(t)$ 的波形压缩（$a>1$）或扩展（$a<1$）。利用 MATLAB 实现连续信号的时域尺度变换，只需将绘图函数 plot(t,f) 的时间变量 t 修改为 at 即可。

例 2.5　已知一个连续时间信号：

$$f(t) = \mathrm{e}^{-0.5t}\cos(2\pi t)\,,\ 0 \leqslant t \leqslant 4$$

利用 MATLAB 绘制 $f(4t)$ 和 $f\left(\dfrac{t}{4}\right)$ 的波形。

解　MATLAB 脚本程序如下：

```
clear all;
t=0:0.01:4;
f=exp(- 0.5*t).*cos(2*pi*t);
subplot(311)
plot(t,f,'linewidth',2);
axis([0 4 - 1 1]);
xlabel('t/s');
ylabel('f(t)');
```

```
subplot(312)
plot(4*t,f,'linewidth',2);
axis([0 16 - 1 1]);
xlabel('t/s');
ylabel('f(4t)');
subplot(313)
plot(t/4,f,'linewidth',2);
axis([0 1 - 1 1]);
xlabel('t/s');
ylabel('f(t/4)');
```

运行结果如图 2.5 所示。

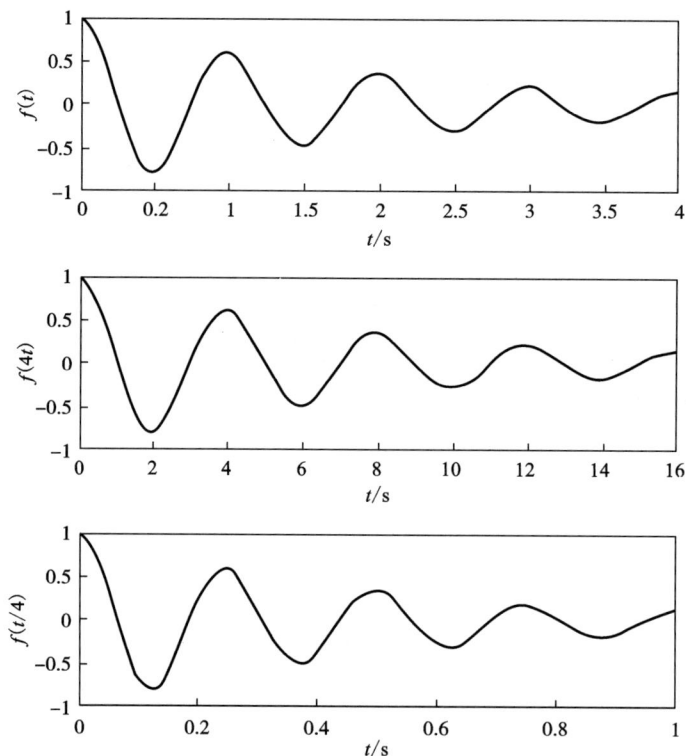

图 2.5 连续时间信号的尺度变换

5. 信号的微分和积分

连续时间信号 $f(t)$ 的微分运算是指 $f(t)$ 对 t 取导数，即

$$f'(t) = \frac{\mathrm{d}}{\mathrm{d}t} f(t)$$

信号 $f(t)$ 的积分运算指 $f(\tau)$ 在区间 $(-\infty, t)$ 内的定积分，其表达式为

$$\int_{-\infty}^{t} f(\tau)\,\mathrm{d}\tau$$

例 2.6　利用 MATLAB 的符号积分验证 $\int_{-\infty}^{t} \delta(r)\,\mathrm{d}r = u(t)$。

解　MATLAB 脚本程序如下：

syms r t;

int(dirac(r),r,- inf,t)

输出结果为 ans = sign(t)/2 + 1/2。

6. 信号的奇偶分解

任何连续时间信号 $f(t)$ 都可分解为偶分量 $f_e(t)$ 与奇分量 $f_o(t)$ 两部分之和，且有

$$f_e(t) = \frac{1}{2}[f(t)+f(-t)]$$

和

$$f_o(t) = \frac{1}{2}[f(t)-f(-t)]$$

例 2.7　考虑如下连续时间信号：

$$f(t) = te^{-t},\ 0 \leqslant t \leqslant 5$$

求其奇偶分量，并利用 MATLAB 绘制波形。

解　根据奇偶分解公式有

$$f_e(t) = \frac{1}{2}t(e^{-t}-e^{t}),\ f_o(t) = \frac{1}{2}t(e^{-t}+e^{t})$$

MATLAB 脚本程序如下：

```
clear all;
t=0:0.01:5;
f=t.*exp(- t);
fe=0.5*t.*(exp(- t)- exp(t));
fo=0.5*t.*(exp(- t)+exp(t));
subplot(221);
plot(t,f,'linewidth',2);
xlabel('t/s');
ylabel('f(t)');
subplot(222);
plot(t,fe,'linewidth',2);
xlabel('t/s');
ylabel('f_e(t)');
subplot(223);
plot(t,fo,'linewidth',2);
xlabel('t/s');
ylabel('f_o(t)');
```

```
subplot(224);
plot(t,fe+fo,'linewidth',2);
xlabel('t/s');
ylabel('f_e(t)+f_o(t)');
```

运行结果如图 2.6 所示。

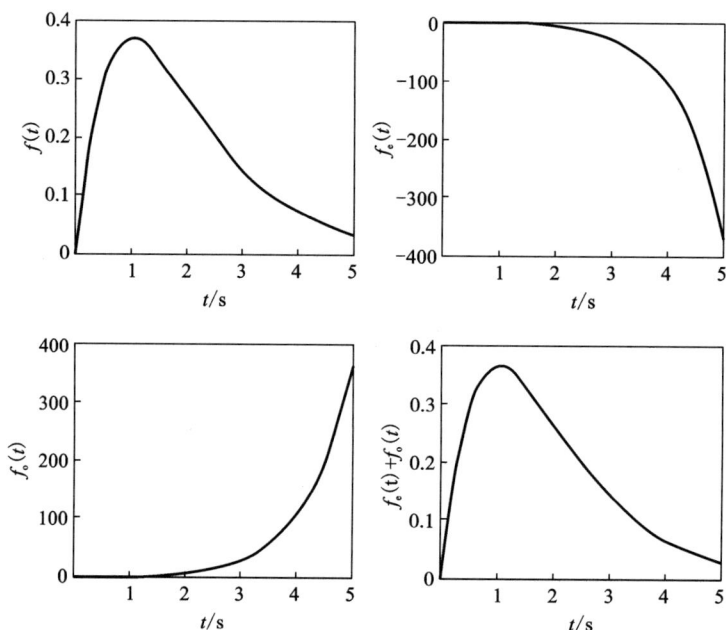

图 2.6　连续时间信号的奇偶分解

四、实验任务

（1）已知连续时间信号

$$x(t) = t\cos(2\pi t), \ 0 \leqslant t \leqslant 5$$

利用 MATLAB 实现下列运算：

①$x(-t)$；

②$x(t/5)$；

③$x(1+3t)$；

④$x(-1-3t)$。

（2）利用 MATLAB 的符号积分验证 $r(t) = \displaystyle\int_{-\infty}^{t} u(r)\,\mathrm{d}r$。

（3）已知连续时间信号：

$$f(t) = te^{-0.1t}\cos t, \ 0 \leqslant t \leqslant 20$$

求其奇分量 $f_o(t)$ 和偶分量 $f_e(t)$，并利用 MATLAB 绘制波形。

五、实验预习要求

(1)认真阅读实验原理,明确本次实验任务。
(2)读懂连续时间信号基本运算的 MATLAB 脚本程序。
(3)根据实验任务预先编写实验程序。

六、实验报告要求

(1)简述实验目的和实验原理。
(2)列出调试通过的实验程序代码,并给出实验结果。
(3)写出实验总结及个人体会。

七、思考题

(1)如何利用 MATLAB 将连续时间信号 $f(t)$ 转换成 $f(at+b)$,其中 a 和 b 均为实常数?
(2)如何利用 MATLAB 的符号计算功能,实现连续时间信号的时移、反转和尺度变换?
(3)怎样判断单位阶跃信号属于功率信号?请同学们自行查阅功率信号的定义,以及 MATLAB 内置 limit 函数的调用说明。

实验 3　离散时间信号的生成与可视化

一、实验目的

（1）了解典型的离散时间信号及其特点。

（2）掌握 MATLAB 生成典型离散时间信号的方法。

（3）掌握离散时间信号的 MATLAB 可视化方法。

二、实验涉及的 MATLAB 子函数

1. stem( )

功能：绘制二维离散数据图。

调用格式：

stem(y)

stem(x,y)

stem(...,'filled')

stem(...,linespec)

stem(axes_handle,...)

h = stem(...)

hlines = stem('v6',...)

2. gauspuls( )

功能：产生高斯调制正弦脉冲。

调用格式：

yi = gauspuls(t,fc,bw)

yi = gauspuls(t,fc,bw,bwr)

[yi,yq] = gauspuls(...)

[yi,yq,ye] = gauspuls(...)

tc = gauspuls('cutoff',fc,bw,bwr,tpe)

3. abs( )

功能：求绝对值（幅值）。

调用格式：

y = abs(x)

4. angle( )

功能：求复数的辐角。

调用格式：

p = angle(z)

三、实验原理

典型的离散时间信号主要有单位样值信号、单位阶跃序列、正弦序列、指数序列，这些基本序列是信号分析的基础。

1. 单位样值信号

单位样值信号的定义式为

$$\delta[n] = \begin{cases} 1, & n=0 \\ 0, & n\neq0 \end{cases}$$

有时也称之为单位取样信号、单位冲激信号或 Kronecker 冲激信号。根据定义式有

$$\delta[n-m] = \begin{cases} 1, & n=m \\ 0, & n\neq m \end{cases}$$

例 3.1　生成单位抽样信号 $\delta[n]$。

解　方法一：利用关系运算式生成单位样值信号，MATLAB 脚本程序如下：

```
clear all;
n = - 5:1:5;
m = 0;
x = (n = = m);
stem(n,x,'filled','linewidth',2);
axis([- 5 5 0 1.2]);
xlabel('n');
ylabel('\delta[n]');
```

方法二：利用 gauspuls 函数生成单位样值信号，MATLAB 脚本程序如下：

```
clear all;
n = - 5:1:5;
m = 0;
x = gauspuls(n- m);
stem(n,x,'filled','linewidth',2);
axis([- 5 5 0 1.2]);
xlabel('n');
ylabel('\delta[n]');
```

程序执行后，生成的单位样值信号如图 3.1 所示。

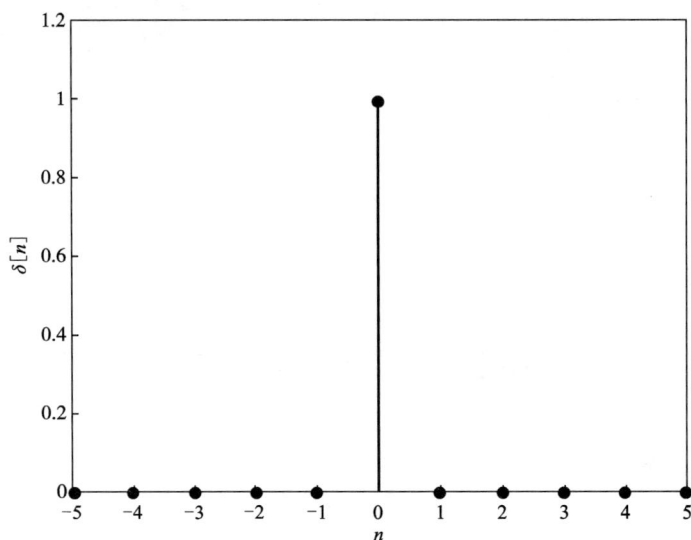

图 3.1　生成的单位样值信号

2. 单位阶跃序列

单位阶跃序列的定义式为

$$u[n] = \begin{cases} 1, & n \geq 0 \\ 0, & n < 0 \end{cases}$$

单位样值信号与单位阶跃序列有如下关系：

$$\delta[n] = u[n] - u[n-1]$$

例 3.2　利用关系运算式生成单位阶跃序列 $u[n]$。

解　MATLAB 脚本程序如下：

```
clear all;
n=-5:1:5;
m=0;
u=(n>=m);
stem(n,u,'filled','linewidth',2);
axis([-5 5 0 1.2]);
xlabel('n');
ylabel('u[n]');
```

运行结果如图 3.2 所示。

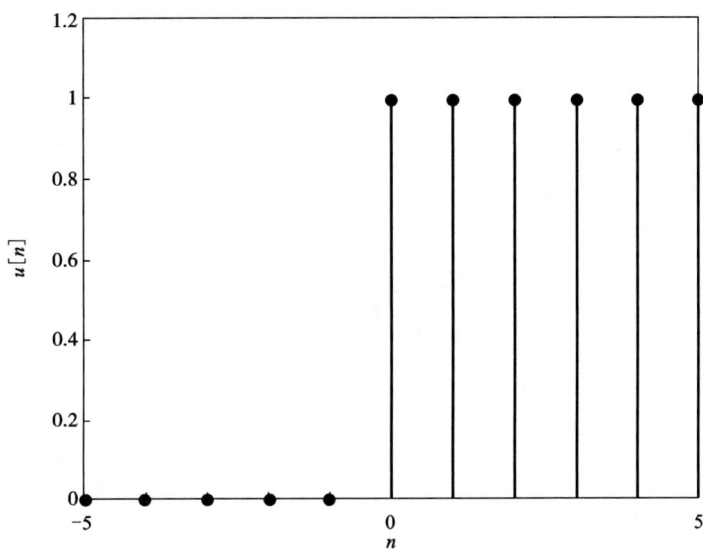

图 3.2 生成的单位阶跃序列

3. 正弦序列

正弦序列的表达式为

$$x[n] = A\sin(\omega_0 n + \varphi)$$

式中：A 为幅值；φ 为初相位；ω_0 为角频率。

例 3.3 绘制 2 个周期的正弦序列 $x[n] = \sin\left(\dfrac{\pi}{8}n\right)$。

解 周期 $N = 32$，绘制该正弦序列的 MATLAB 脚本程序如下：

```
clear all;
n=0:1:32;
w0=pi/8;
x=sin(w0*n);
stem(n,x,'filled','linewidth',2);
axis([0 32 -1 1]);
xlabel('n');
ylabel('x[n]');
```

运行结果如图 3.3 所示。

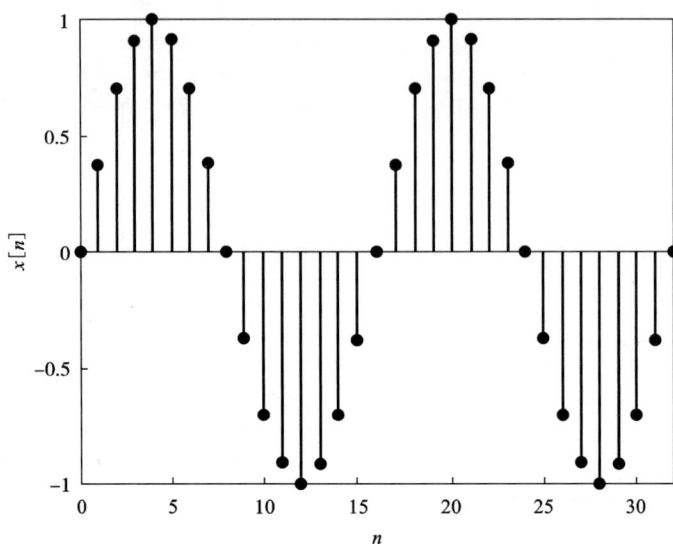

图 3.3 生成的正弦序列

4. 实指数序列

实指数序列的表达式为

$$x[n] = a^n$$

式中：a 为实数。当 $|a| > 1$ 时，$x[n]$ 的幅度随着 n 的增大而增大；当 $|a| < 1$ 时，$x[n]$ 的幅度随着 n 的增大而减小。实际中用得较多的是单边实指数序列，其表达式为

$$x[n] = a^n \cdot u[n]$$

例 3.4 绘制指数序列 $x_1[n] = (0.8)^n$，$x_2[n] = (1.25)^n$，$x_3[n] = (-0.8)^n$ 和 $x_4[n] = (-1.25)^n$。

解 MATLAB 脚本程序如下：

```
clear all;
n=0:1:8;
x1=0.8.^n;
x2=1.25.^n;
x3=(-0.8).^n;
x4=(-1.25).^n;
t=0:0.01:8;
f1=(0.8).^t;
f2=(1.25).^t;
subplot(221);
stem(n,x1,'filled','linewidth',2);
axis([0 8 0 1]);
xlabel('n');
ylabel('x_1[n]=(0.8)^n');
```

```
subplot(222);
stem(n,x2,'filled','linewidth',2);
axis([0 8 0 6]);
xlabel('n');
ylabel('x_2[n]=(1.25)^n');
subplot(223);
stem(n,x3,'filled','linewidth',2);
hold on
plot(t,f1,'r- .','linewidth',1);
plot(t,- f1,'r- .','linewidth',1);
axis([0 8 - 1 1]);
xlabel('n');
ylabel('x_3[n]=(- 0.8)^n');
subplot(224);
stem(n,x4,'filled','linewidth',2);
hold on
plot(t,f2,'r- .','linewidth',1);
plot(t,- f2,'r- .','linewidth',1);
axis([0 8 - 6 6]);
xlabel('n');
ylabel('x_4[n]=(- 1.25)^n');
```

运行结果如图3.4所示。

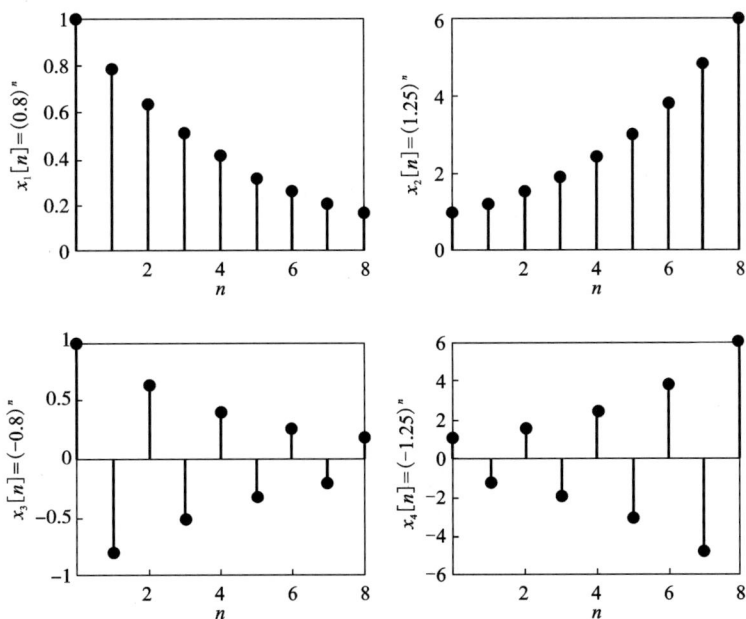

图 3.4　生成的实指数序列

5. 复指数序列

复指数序列的表达式为

$$x[n] = e^{(\sigma + j\omega)n} = a^n e^{j\omega n}$$

式中：$a = e^{\sigma}$。

当 $\omega = 0$ 时，$x[n]$ 为实指数序列；当 $\sigma = 0$ 时，$x[n]$ 为虚指数序列，即

$$e^{j\omega n} = \cos(\omega n) + j\sin(\omega n)$$

例 3.5　生成复指数序列 $x[n] = e^{(-0.1 + 0.5j)n}$，并绘制其实部、虚部、振幅和相位。

解　MATLAB 脚本程序如下：

```
clear all;
n=0:1:20;
alpha=- 0.1+0.5j;
x=exp(alpha*n);
subplot(221);
stem(n,real(x),'filled','linewidth',2);
xlabel('n');
ylabel('real(x[ n])');
subplot(222);
stem(n,imag(x),'filled','linewidth',2);
xlabel('n');
ylabel('imag(x[ n])');
subplot(223);
stem(n,abs(x),'filled','linewidth',2);
xlabel('n');
ylabel('abs(x[ n])');
subplot(224);
stem(n,angle(x),'filled','linewidth',2);
xlabel('n');
ylabel('angle(x[ n])');
```

运行结果如图 3.5 所示。

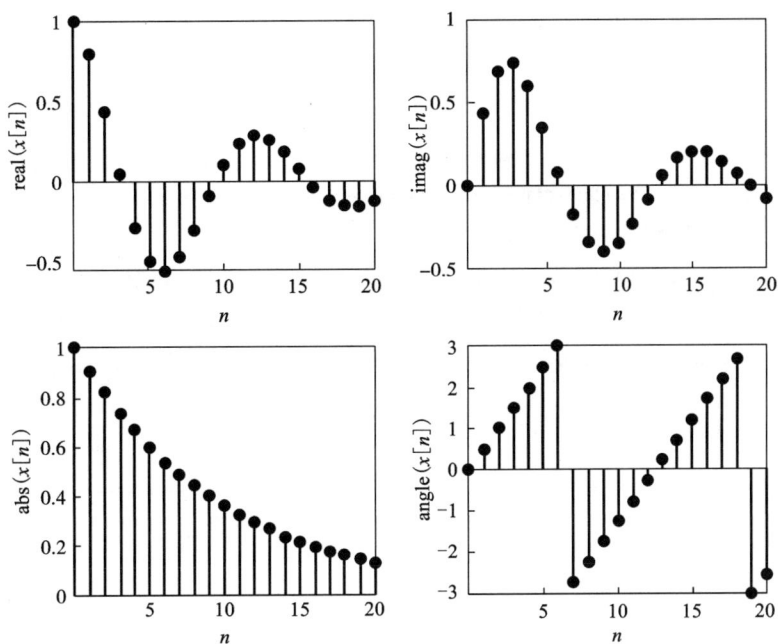

图 3.5　生成的复指数序列

四、实验任务

(1) 绘制离散时间信号 $x[n] = 3\delta[n] - u[n]$，其中 $-5 \leqslant n \leqslant 5$。

(2) 绘制单位斜坡序列 $r[n] = n \cdot u[n]$，其中 $-3 \leqslant n \leqslant 6$。

(3) 绘制正弦序列 $x[n] = 2\cos\left(\dfrac{n}{2} + \dfrac{\pi}{4}\right)$，其中 $0 \leqslant n \leqslant 20$。

(4) 生成单边实指数序列 $x_1[n] = (-1.2)^n \cdot u[n]$ 和 $x_2[n] = (-0.8)^n \cdot u[n]$，并画出其波形及包络线。

(5) 生成离散时间信号 $x_1[n] = (0.8)^n \cos(\pi n)$ 和 $x_2[n] = (1.25)^n \cos(\pi n)$，并画出其波形及包络线。

五、实验预习要求

(1) 认真阅读实验原理，明确本次实验任务。

(2) 读懂生成各典型离散时间信号的 MATLAB 程序。

(3) 根据实验任务预先编写实验程序。

六、实验报告要求

(1) 简述实验目的和实验原理。

(2)列出调试通过的实验程序代码，并给出实验结果。

(3)写出实验总结及收获。

七、思考题

(1)单位样值信号与单位阶跃序列分别有何特性？

(2)如何利用单位阶跃序列生成矩形序列？

(3)如何利用 MATLAB 的 zeros 函数，实现单位样值信号与单位阶跃序列的生成？

(4)如何构建离散周期时间信号？比如，离散周期矩形序列、离散周期三角波(锯齿波)序列的生成，请同学们自行查阅 square 函数和 sawtooth 函数的调用说明。

实验 4　离散时间信号的基本运算

一、实验目的

(1)掌握离散时间信号的时域自变量变换和奇偶分解的方法。
(2)熟悉 MATLAB 实现离散时间信号运算的常用函数。
(3)掌握离散时间信号运算的程序编制，为信号分析和系统设计奠定基础。

二、实验涉及的 MATLAB 子函数

1. downsample( )

功能：对离散时间序列重采样，在原时间序列中等间隔地抽取一些项，得到新的时间序列。
调用格式：
y = downsample(x, n)
y = downsample(x, n, phase)

2. upsample( )

功能：对离散时间序列重采样，在原时间序列中等间隔地内插一些项，得到新的时间序列。
调用格式：
y = upsample(x, n)
y = upsample(x, n, phase)

三、实验原理

离散时间信号的时域运算包括序列的相加、相乘，而离散时间信号的时域变换包括序列的时移、反转和尺度变换等。

1. 序列的相加和相乘

离散时间信号相加是指两个序列中相同序号 n(或同一时刻)的序列值逐项对应相加，构成一个新的序列：

$$x[n]=x_1[n]+x_2[n]$$

离散时间信号相乘是指两个序列中相同序号 n(或同一时刻)的序列值逐项对应相乘,构成一个新的序列:

$$x[n]=x_1[n]\cdot x_2[n]$$

MATLAB 中离散序列的相加、相乘等运算是两个向量之间的运算,因此参加运算的两个序列必须具有相同的长度,否则要进行相应的处理。

例 4.1 求 $x[n]=\delta[n-2]+u[n-4]$,其中 $0\leqslant n\leqslant 8$。

解 MATLAB 脚本程序如下:

```
clear all;
n=0:1:8;
x1=(n==2);
x2=(n>=4);
x=x1+x2;
subplot(311)
stem(n,x1,'filled','linewidth',2);
xlabel('n');
ylabel('\delta[n-2]');
subplot(312)
stem(n,x2,'filled','linewidth',2);
xlabel('n');
ylabel('u[n-4]');
subplot(313)
stem(n,x,'filled','linewidth',2);
xlabel('n');
ylabel('\delta[n-2]+u[n-4]');
```

运行结果如图 4.1 所示。

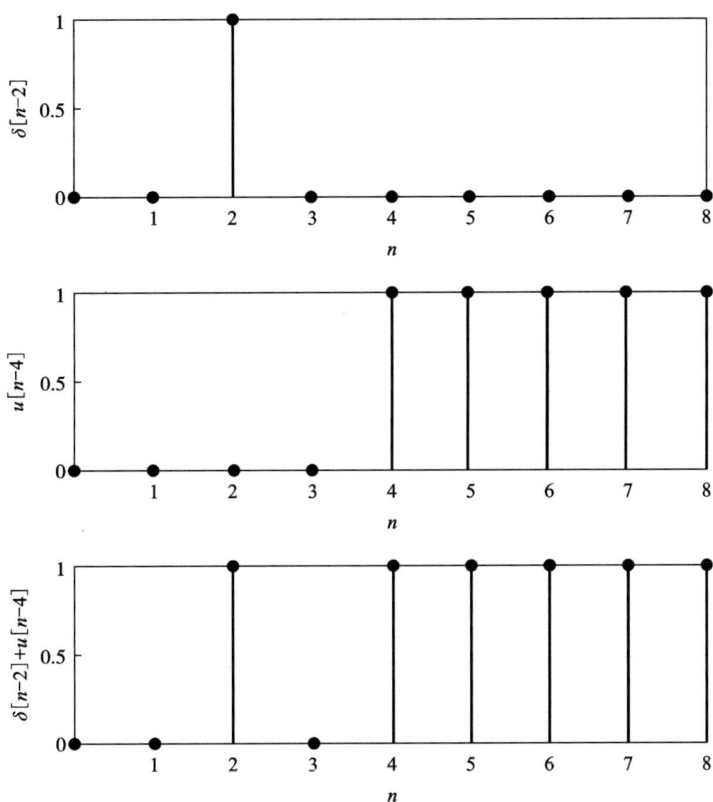

图 4.1　离散时间信号相加

例 4.2　已知离散时间信号 $x_1[n] = 3\mathrm{e}^{-0.25n}$，$x_2[n] = u(n+1)$，其中 $-4 \leqslant n \leqslant 10$。求 $x[n] = x_1[n] \cdot x_2[n]$。

解　MATLAB 脚本程序如下：

```
clear all;
n = - 4:1:10;
x1 = 3*exp(- 0.25*n);
x2 = (n>= - 1);
x = x1.*x2;
subplot(311)
stem(n,x1,'filled','linewidth',2);
xlabel('n');
ylabel('x_1[n]');
subplot(312)
stem(n,x2,'filled','linewidth',2);
xlabel('n');
ylabel('x_2[n]');
```

```
subplot(313)
stem(n,x,'filled','linewidth',2);
xlabel('n');
ylabel('x[n]=x_1[n]+x_2[n]');
```
运行结果如图 4.2 所示。

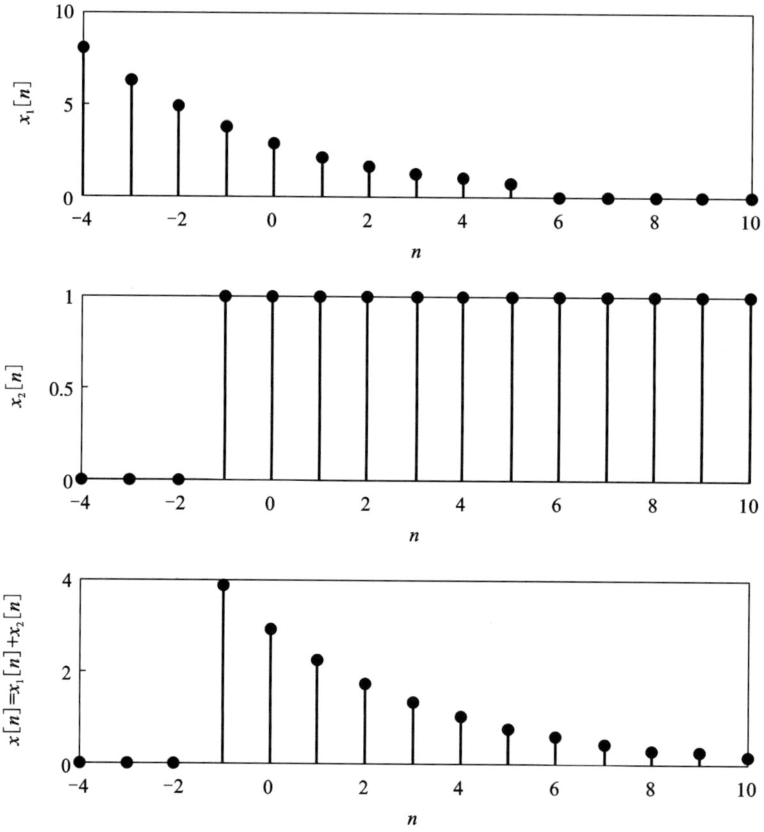

图 4.2　离散时间信号相乘

2. 序列的时域反转

离散时间信号的反转是将 $x[n]$ 的自变量 n 更换为 $-n$，此时 $x[-n]$ 的波形相当于将 $x[n]$ 以 $n=0$ 为轴反转过来。对于这种运算，MATLAB 实现起来非常简单，可以通过修改绘图函数 $\text{stem}(n, x)$ 中的 n，也可以利用函数 fliplr 来实现。

例 4.3　已知一个离散时间信号：

$$x[n]=0.9^n, \quad -10 \leqslant n \leqslant 10$$

利用 MATLAB 绘制反转序列 $x[n]$ 的波形。

解　方法一：修改绘图函数 stem，建立时域离散序列反转，MATLAB 脚本程序如下：

```
clear all;
n= - 20:1:20;
```

```
p=n>=-10&n<=10;
x=(0.9.^n).*p;
subplot(211)
stem(n,x,'filled','linewidth',2);
xlabel('n');
ylabel('x[n]');
subplot(212)
stem(-n,x,'filled','linewidth',2);
xlabel('n');
ylabel('x[-n]');
```

方法二：利用函数 fliplr 建立时域离散序列反转，MATLAB 脚本程序如下：

```
clear all;
n=-20:1:20;
p=n>=-10&n<=10;
x=(0.9.^n).*p;
n1=-fliplr(n);
x1=fliplr(x);
subplot(211)
stem(n,x,'filled','linewidth',2);
xlabel('n');
ylabel('x[n]');
subplot(212)
stem(n1,x1,'filled','linewidth',2);
xlabel('n');
ylabel('x[-n]');
```

运行结果如图 4.3 所示。

3. 信号的时移

离散时间信号的时移是将 $x[n]$ 的自变量 n 更换为 $n+n_0$（n_0 为整数），此时 $x[n+n_0]$ 的波形相当于将 $x[n]$ 波形在时间轴上整体移动。当 $n_0>0$ 时，$x[n+n_0]$ 为信号 $x[n]$ 左移 n_0 的结果；当 $n_0<0$ 时，$x[n+n_0]$ 为信号 $x[n]$ 右移 n_0 的结果。

MATLAB 实现离散时间信号的时移运算非常方便，只需将绘图函数 stem(n,x) 的时间变量 n 修改为 $n+n_0$ 即可。

例 4.4　已知一个离散时间信号：

$$x[n]=0.9^n,\ -10\leqslant n\leqslant 10$$

利用 MATLAB 绘制 $x[n-10]$ 和 $x[n+10]$ 的波形。

解　MATLAB 脚本程序如下：

```
clear all;
n=-20:1:20;
```

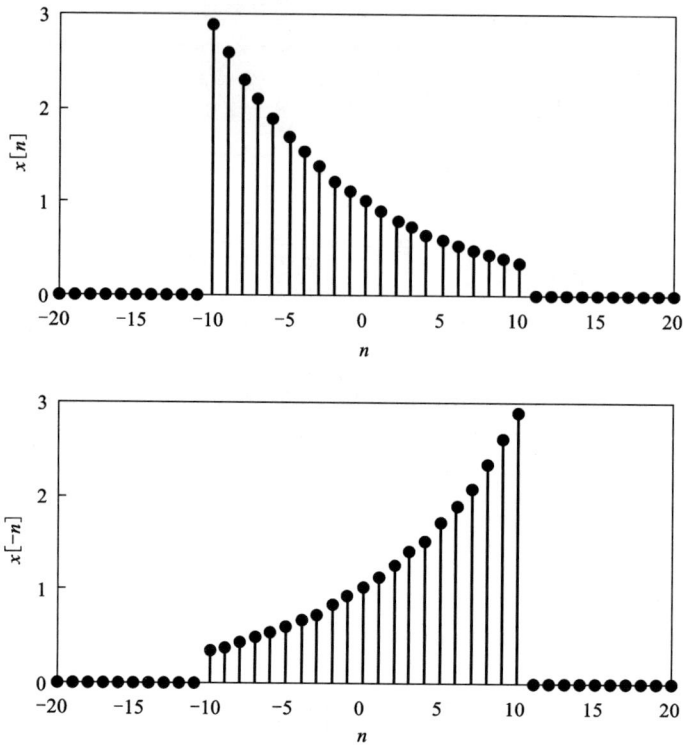

图 4.3 离散时间信号反转

```
p=n>=-10&n<=10;
x=(0.9.^n).*p;
subplot(311)
stem(n,x,'filled','linewidth',2);
xlabel('n');
ylabel('x[n]');
subplot(312)
stem(n+10,x,'filled','linewidth',2);
xlabel('n');
ylabel('x[n-10]');
subplot(313)
stem(n-10,x,'filled','linewidth',2);
xlabel('n');
ylabel('x[n+10]');
```

运行结果如图 4.4 所示。

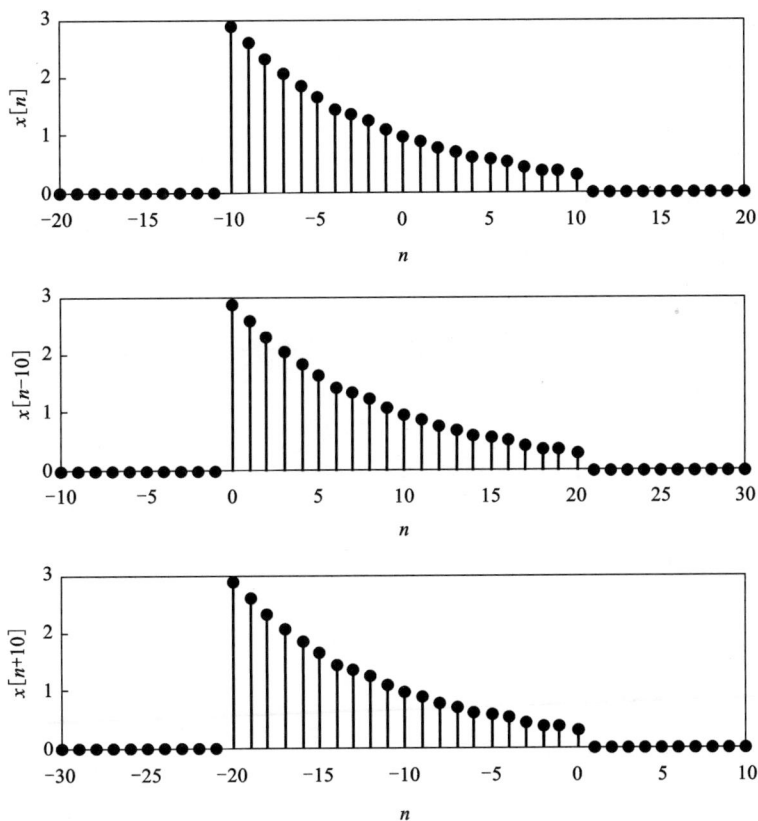

图 4.4 离散时间信号的时移

4. 信号的时域尺度变换

离散时间信号的尺度变换是将 $x[n]$ 的自变量 n 乘以整数 a 或除以整数 a。当 a 为整数时，$x[an]$ 的尺度变化表现为对离散信号的抽取；$x[n/a]$ 的尺度变化表现为对离散信号的内插。

利用 MATLAB 实现离散序列的时域尺度变换，需要用到函数 downsample 和函数 upsample。

例 4.5 已知一个离散时间信号：

$$x[n] = 0.9^n, \quad -10 \leqslant n \leqslant 10$$

利用 MATLAB 绘制 $x[2n]$ 和 $x\left[\dfrac{n}{3}\right]$ 的波形。

解 MATLAB 脚本程序如下：

```
clear all;
n = -20:1:20;
p = n >= -10 & n <= 10;
x = (0.9.^n).*p;
a = 2;
b = 1/3;
```

```
xd=downsample(x,a);
nd=- 10:10;
xup=upsample(x,1/b);
nup=- 61:1:61;
subplot(311)
stem(n,x,'filled','linewidth',2);
xlabel('n');
ylabel('x[ n ]');
subplot(312)
stem(nd,xd,'filled','linewidth',2);
xlabel('n');
ylabel('x[ 2n ]');
subplot(313)
stem(nup,xup,'filled','linewidth',2);
xlabel('n');
ylabel('x[ n/3 ]');
```

运行结果如图 4.5 所示。

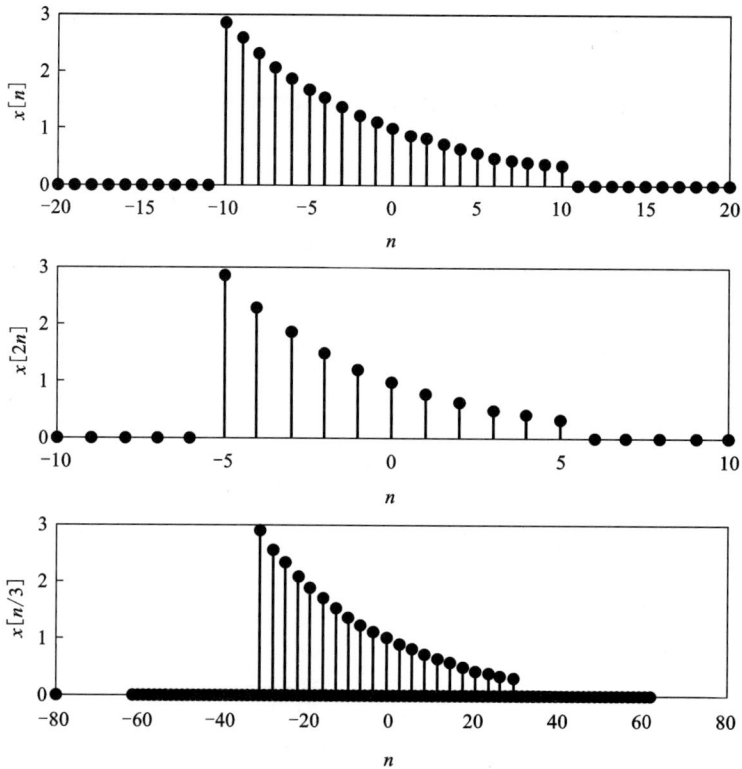

图 4.5　离散时间信号的尺度变换

5. 序列的奇偶分解

离散连续时间信号 $x[n]$ 可分解为偶分量 $x_e[n]$ 与奇分量 $x_o[n]$ 两部分之和，且有

$$x_e[n] = \frac{1}{2}(x[n] + x[-n])$$

和

$$x_o[n] = \frac{1}{2}(x[n] - x[-n])$$

例 4.6 考虑如下连续时间信号：

$$x[n] = (0.8)^n, \ 0 \leq n \leq 10$$

利用 MATLAB 绘制奇偶分解量波形。

解 MATLAB 脚本程序如下：

```
clear all;
n=0:1:10;
x=(0.8).^n;
xe=0.5*((0.8).^n+(0.8).^(- n));
xo=0.5*((0.8).^n- (0.8).^(- n));
subplot(221)
stem(n,x,'filled','linewidth',2);
xlabel('n');
ylabel('x[ n ]');
subplot(222)
stem(n,xe,'filled','linewidth',2);
xlabel('n');
ylabel('x_e[ n ]');
subplot(223)
stem(n,xo,'filled','linewidth',2);
xlabel('n');
ylabel('x_o[ n ]');
subplot(224)
stem(n,xe+xo,'filled','linewidth',2);
xlabel('n');
ylabel('x_e[ n ]+x_o[ n ]');
```

运行结果如图 4.6 所示。

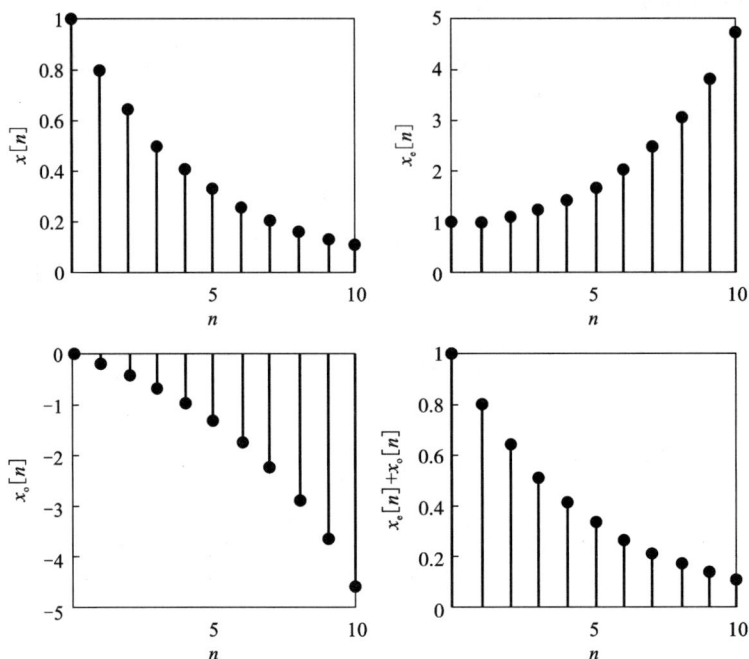

图 4.6　连续时间信号的奇偶分解

四、实验任务

(1)利用 MATLAB 实现下列离散时间信号。

① $x[n] = \delta[n+3] + 2\delta[n-4]$，其中$-5 \leqslant n \leqslant 5$；

② $x[n] = u[n+2] + u[n-2]$，其中$-5 \leqslant n \leqslant 5$。

(2)已知离散时间信号 $x_1[n] = e^{-n/16}$、$x_2[n] = 5\sin(2\pi n/10)$，其中 $0 \leqslant n \leqslant 20$。求 $x[n] = x_1[n] \cdot x_2[n]$。

(3)已知离散时间信号 $x[n] = n\sin(n)$，试利用 MATLAB 显示在 $0 \leqslant n \leqslant 20$ 区间的下列波形：

① $x[n-3]$；② $x[-n]$；③ $x[2n]$；④ $x[n/2]$。

(4)已知离散时间信号：

$$x[n] = e^{-0.1n}\cos\left(\frac{\pi}{16}n\right), \ 0 \leqslant n \leqslant 30$$

求其奇分量 $x_o[n]$ 和偶分量 $x_e[n]$，并利用 MATLAB 绘制波形。

五、实验预习要求

(1)认真阅读实验原理，明确本次实验任务。

(2)读懂离散时间信号基本运算的 MATLAB 脚本程序。

(3)根据实验任务预先编写 MATLAB 实验程序。

六、实验报告要求

（1）简述实验目的和实验原理。

（2）列出调试通过的实验程序代码，并给出实验结果。

（3）写出实验总结及个人体会。

七、思考题

（1）当离散序列进行相加、相乘运算时，如果参加运算的两个序列的向量长度不同，应进行怎样的处理？

（2）如何利用 MATLAB 计算离散序列的能量和功率？

实验 5 连续 LTI 系统的时域分析

一、实验目的

(1)掌握连续 LTI 系统的微分方程及其 MATLAB 求解。

(2)掌握连续 LTI 系统的零输入响应和零状态响应定义,并利用 MATLAB 求解系统的零状态响应。

(3)掌握连续 LTI 系统的冲激响应和阶跃响应定义,并利用 MATLAB 实现冲激响应与阶跃响应的求解。

二、实验涉及的 MATLAB 子函数

1. dsolve( )

功能:常微分方程求解。

调用格式:

s = dsolve(eqn)

s = dsolve(eqn,cond)

s = dsolve(eqn,cond,Name,Value)

2. lsim( )

功能:零状态响应求解。

调用格式:

y = lsim(sys,u,t)

y = lsim(sys,u,t,x0)

y = lsim(sys,u,t,x0,method)

3. impulse( )

功能:系统的冲激响应求解。

调用格式:

impulse(sys)

impulse(sys,Tfinal)

impulse(sys,t)

4. step( )

功能：系统的阶跃响应求解。

调用格式：

step(sys)

step(sys,Tfinal)

step(sys,t)

三、实验原理

系统分析的主要任务是确定在给定的激励作用下，系统将产生什么样的响应。为了确定一个连续 LTI 系统对给定激励的响应，就要建立描述系统的方程，并求出满足给定初始状态的解。

1. 连续 LTI 系统的微分方程

对于任一连续 LTI 系统来说，其数学模型可以用一元 n 阶线性常系数微分方程来描述，其一般形式为

$$\frac{\mathrm{d}^n y(t)}{\mathrm{d}t^n} + a_{n-1}\frac{\mathrm{d}^{n-1}y(t)}{\mathrm{d}t^{n-1}} + \cdots + a_1\frac{\mathrm{d}y(t)}{\mathrm{d}t} + a_0 y(t)$$

$$= b_m\frac{\mathrm{d}^m x(t)}{\mathrm{d}t^m} + b_{m-1}\frac{\mathrm{d}^{m-1}x(t)}{\mathrm{d}t^{m-1}} + \cdots + b_1\frac{\mathrm{d}x(t)}{\mathrm{d}t} + b_0 x(t)$$

式中：$x(t)$ 为系统的激励；$y(t)$ 为系统的响应；n 为常微分方程的阶数。微分方程中的系数 a_i 和 b_i 均为实常数。求解该常系数微分方程，即可得到系统的响应。

按经典解法，该微分方程的解可以分为两部分，即齐次解和特解。齐次解的函数形式只与系统本身特性有关，常称为系统的自由响应（或固有响应），以 $y_h(t)$ 表示。特解的形式由系统的激励决定，常称为系统的强制响应（或受迫响应），以 $y_p(t)$ 表示。因此，连续 LTI 系统的全解（即全响应）$y(t)$ 为

$$y(t) = y_h(t) + y_p(t)$$

齐次解 $y_h(t)$ 就是与系统方程相应的齐次方程的通解，即它满足

$$\frac{\mathrm{d}^n y(t)}{\mathrm{d}t^n} + a_{n-1}\frac{\mathrm{d}^{n-1}y(t)}{\mathrm{d}t^{n-1}} + \cdots + a_1\frac{\mathrm{d}y(t)}{\mathrm{d}t} + a_0 y(t) = 0$$

特解的函数形式由激励函数决定，一般通过观察试选特解的函数形式，其必然满足非齐次常微分方程，即

$$\frac{\mathrm{d}^n y_p(t)}{\mathrm{d}t^n} + a_{n-1}\frac{\mathrm{d}^{n-1}y_p(t)}{\mathrm{d}t^{n-1}} + \cdots + a_1\frac{\mathrm{d}y_p(t)}{\mathrm{d}t} + a_0 y_p(t)$$

$$= b_m\frac{\mathrm{d}^m x(t)}{\mathrm{d}t^m} + b_{m-1}\frac{\mathrm{d}^{m-1}x(t)}{\mathrm{d}t^{m-1}} + \cdots + b_1\frac{\mathrm{d}x(t)}{\mathrm{d}t} + b_0 x(t)$$

对于常系数微分方程的求解，我们可以借助 MATLAB 符号工具箱的 dsolve 函数。利用 dsolve 函数，可以实现连续 LTI 系统的响应求解，包括自由响应和强制响应。

例 5.1　给定某连续 LTI 系统的微分方程为

$$\frac{\mathrm{d}^2 y(t)}{\mathrm{d}t^2} + 3\frac{\mathrm{d}y(t)}{\mathrm{d}t} + 2y(t) = \frac{\mathrm{d}x(t)}{\mathrm{d}t} + 2x(t)$$

初始状态为 $y(0)=1$，$\left.\dfrac{\mathrm{d}y(t)}{\mathrm{d}t}\right|_{t=0}=1$。若系统的激励信号为 $x(t)=t^2$，试利用 MATLAB 编程求解该系统的全响应。

解 齐次微分方程的通解为

$$y_\mathrm{h}(t) = c_1 \mathrm{e}^{-t} + c_2 \mathrm{e}^{-2t}$$

非齐次微分方程的特解可写为

$$y_\mathrm{p}(t) = t^2 - 2t + 2$$

于是得全解为

$$y(t) = c_1 \mathrm{e}^{-t} + c_2 \mathrm{e}^{-2t} + t^2 - 2t + 2$$

利用初始值可知 $c_1=1$，$c_2=-2$。于是得系统的全响应为

$$y(t) = \mathrm{e}^{-t} - 2\mathrm{e}^{-2t} + t^2 - 2t + 2$$

MATLAB 脚本程序如下：

```
clear all;
% 全响应
y = dsolve('D2y+3*Dy+2*y=2*t+2*t^2','y(0)=1,Dy(0)=1');
% 自由响应
yht = dsolve('D2y+3*Dy+2*y=0');
% 强制响应
yt = dsolve('D2y+3*Dy+2*y=2*t+2*t^2');
ypt = yt- yht;
```

程序执行后的结果为：

```
y  =exp(- t) - 2*t - 2*exp(- 2*t) + t^2 + 2
yht =C1*exp(- 2*t) + C2*exp(- t)
ypp =t^2 - 2*t + 2
```

2. 零输入响应与零状态响应

对于连续 LTI 系统，还可以将微分方程的完全解分解为零输入响应和零状态响应，这也是广泛应用的一种形式。

零输入响应是指没有外加激励信号的作用，仅由系统的初始贮能所引起的响应，用 $y_\mathrm{zi}(t)$ 表示。零状态响应是指系统初始状态为零（系统的初始贮能为零）时，仅由外加激励信号所产生的响应，用 $y_\mathrm{zs}(t)$ 表示。系统的全响应就是零输入响应与零状态响应之和，即

$$y(t) = y_\mathrm{zi}(t) + y_\mathrm{zs}(t)$$

零输入响应是系统微分方程对应齐次方程的解，而零状态响应是零初始条件下非齐次微分方程的全解。

例 5.2 给定某连续 LTI 系统的微分方程为

$$\frac{\mathrm{d}^2 y(t)}{\mathrm{d}t^2} + 3\frac{\mathrm{d}y(t)}{\mathrm{d}t} + 2y(t) = \frac{\mathrm{d}x(t)}{\mathrm{d}t} + 2x(t)$$

初始状态为 $y(0)=1$，$\left.\dfrac{\mathrm{d}y(t)}{\mathrm{d}t}\right|_{t=0}=1$，激励信号为 $x(t)=t^2$。试利用 MATLAB 编程求解该系统的零输入响应和零状态响应。

解　（1）求零输入响应。齐次微分方程的通解为
$$y(t)=c_1\mathrm{e}^{-t}+c_2\mathrm{e}^{-2t}$$

利用初始值可知 $c_1=3$，$c_2=-2$。于是得系统的零输入响应为
$$y_{zi}(t)=3\mathrm{e}^{-t}-2\mathrm{e}^{-2t}$$

利用 MATLAB 求该系统的零输入响应，命令如下：

```
>> yzi=dsolve('D2y+3*Dy+2*y=0','y(0)=1,Dy(0)=1')
yzi=
3*exp(- t) - 2*exp(- 2*t)
```

（2）求零状态响应。非齐次常微分方程的通解为
$$y(t)=c_1\mathrm{e}^{-t}+c_2\mathrm{e}^{-2t}+t^2-2t+2$$

将零初始条件代入上式，可得 $c_1=-2$，$c_2=0$。于是得系统的零状态响应为
$$y_{zs}(t)=-2\mathrm{e}^{-t}+t^2-2t+2$$

利用 MATLAB 求该系统的零状态响应，命令如下：

```
>> yzs=dsolve('D2y+3*Dy+2*y=2*t+2*t^2','y(0)=0,Dy(0)=0')
yzs =
t^2 - 2*exp(- t) - 2*t + 2
```

另外，MATLAB 的控制工具箱中也提供了求解零状态响应数值解的函数 lsim。

例 5.3　已知某连续 LTI 系统的微分方程为
$$\frac{\mathrm{d}^2y(t)}{\mathrm{d}t^2}+4\frac{\mathrm{d}y(t)}{\mathrm{d}t}+3y(t)=\frac{\mathrm{d}x(t)}{\mathrm{d}t}+2x(t)$$

系统的激励信号为 $x(t)=\mathrm{e}^{-t}$，试利用 MATLAB 编程求解该系统的零状态响应。

解　MATLAB 脚本程序如下：

```
clear all;
a=[1 4 3];
b=[1 2];
t=0:0.01:8;
x=exp(- t);
y=lsim(b,a,x,t);
plot(t,x,'- .','linewidth',2);
hold on
plot(t,y,'r','linewidth',2);
xlabel('t/s');
ylabel('y(t)');
axis([0 8 - 0.2 1.2]);
legend('激励信号','零状态响应');
```

程序运行结果如图 5.1 所示。

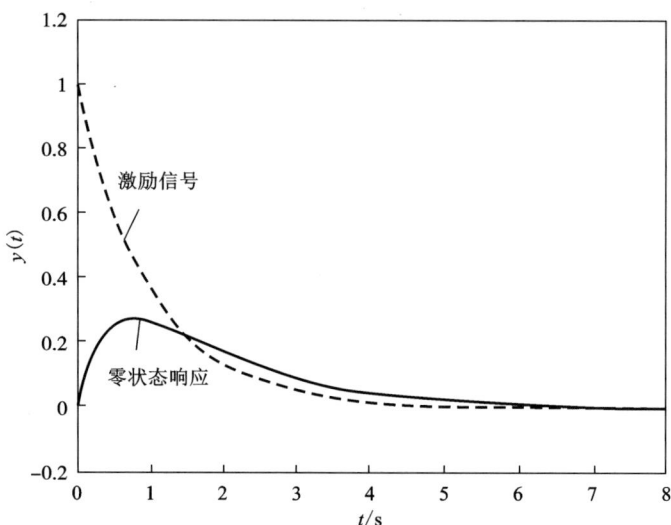

图 5.1 系统的零状态响应

3. 冲激响应与阶跃响应

连续 LTI 系统的单位冲激响应,是指系统初始状态为零、激励为单位冲激函数 $\delta(t)$ 所产生的响应,简称**冲激响应**,用 $h(t)$ 表示。

连续 LTI 系统的单位阶跃响应,是指系统初始状态为零、激励为单位阶跃函数 $u(t)$ 所产生的响应,简称**阶跃响应**,用 $g(t)$ 表示。

根据线性时不变系统的微(积)分特性,同一系统的阶跃响应与冲激响应的关系为

$$h(t) = \frac{\mathrm{d}g(t)}{\mathrm{d}t}, \quad g(t) = \int_{-\infty}^{t} h(\tau)\,\mathrm{d}\tau$$

在 MATLAB 控制工具箱中,提供了数值求解系统冲激响应的函数 impulse 和求解阶跃响应的函数 step。

例 5.4 已知连续 LTI 系统的微分方程为

$$\frac{\mathrm{d}^2 y(t)}{\mathrm{d}t^2} + 2\frac{\mathrm{d}y(t)}{\mathrm{d}t} + 10y(t) = 10x(t)$$

试求该系统的冲激响应和阶跃响应。

解 MATLAB 脚本程序如下:

```
clear all;
a=[1 2 10];
b=10;
t=0:0.01:6;
yht=impulse(b,a,t);
ygt=step(b,a,t);
subplot(211)
```

```
plot(t,yht,'linewidth',2);
xlabel('t/s');
ylabel('y(t)');
axis([0 6 - 1 3])
title('系统的冲激响应');
subplot(212)
plot(t,ygt,'linewidth',2);
xlabel('t/s');
ylabel('y(t)');
axis([0 6 0 1.5])
title('系统的阶跃响应');
```

程序运行结果如图 5.2 所示。

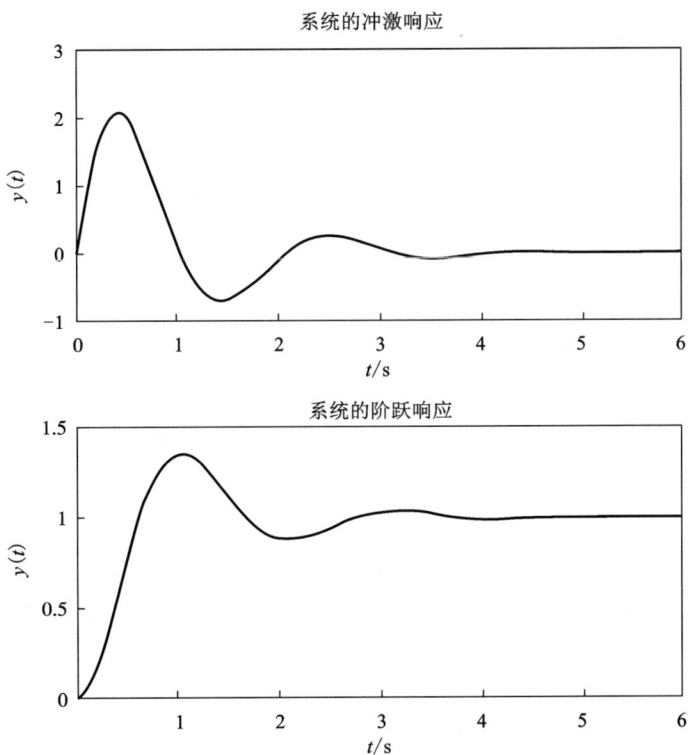

图 5.2　系统的冲激响应与阶跃响应

四、实验任务

(1)给定某连续 LTI 系统的微分方程为

$$\frac{\mathrm{d}^2 y(t)}{\mathrm{d}t^2} + 3\frac{\mathrm{d}y(t)}{\mathrm{d}t} + 2y(t) = 2\frac{\mathrm{d}x(t)}{\mathrm{d}t} + 6x(t)$$

初始状态为 $y(0)=2$，$\left.\frac{\mathrm{d}y(t)}{\mathrm{d}t}\right|_{t=0}=1$，激励信号为 $x(t)=\mathrm{e}^{-2t}$。试利用 MATLAB 编程求解该系统的自由响应、强制响应、零输入响应、零状态响应及全响应，并绘制它们的波形图。

（2）已知某连续 LTI 系统的微分方程为

$$\frac{\mathrm{d}^2 y(t)}{\mathrm{d}t^2} + 2\frac{\mathrm{d}y(t)}{\mathrm{d}t} + 100y(t) = x(t)$$

试利用 MATLAB 编程求解该系统的冲激响应和阶跃响应，并绘制它们的波形图。

五、实验预习要求

（1）认真阅读实验原理，明确本次实验任务。
（2）厘清系统的全响应、自由响应、强制响应、零输入响应与零状态响应概念。
（3）读懂连续 LTI 系统响应计算的 MATLAB 脚本程序。
（4）根据实验任务预先编写实验程序。

六、实验报告要求

（1）简述实验目的和实验原理。
（2）根据常微分方程的经典求解方法，分别写出各种响应相应的数学表达式。
（3）列出调试通过的实验程序代码，并给出实验结果。
（4）写出实验总结及个人心得体会。

七、思考题

（1）系统的自由响应和强迫响应的概念是什么？分别具有什么物理意义？
（2）系统的零输入响应和零状态响应的概念是什么？分别具有什么物理意义？
（3）系统的冲激响应和阶跃响应的概念是什么？分别具有什么物理意义？它们之间有何关系？
（4）如何利用 lsim 函数求系统的阶跃响应？

实验 6 离散 LTI 系统的时域分析

一、实验目的

(1)加深对离散 LTI 系统时域特性的认识。
(2)掌握 MATLAB 求解离散时间系统响应的基本方法。
(3)了解 MATLAB 中求解系统响应的子函数及其应用方法。

二、实验涉及的 MATLAB 子函数

1. filter( )

功能：求解离散系统的零状态响应。
调用格式：
y = filter(b, a, x)

2. impz( )

功能：求解离散系统的冲激响应。
调用格式：
[h, k] = impz(b, a)
[h, k] = impz(b, a, n)

3. stepz( )

功能：求解离散系统的阶跃响应。
调用格式：
[h, k] = stepz(b, a)
[h, k] = stepz(b, a, n)

4. dlsim( )

功能：求解离散系统的响应。
调用格式：
y = dlsim(b, a, n)

三、实验原理

1. 离散 LTI 系统的响应与激励

由离散时间系统的时域和频域分析方法可知，一个线性移不变离散系统可以用线性常系数差分方程表示：

$$\sum_{k=0}^{N} a_k y(n-k) = \sum_{r=0}^{M} b_r x(n-r) \tag{6.1}$$

也可以用系统函数来表示：

$$H(z) = \frac{Y(z)}{X(z)} = \frac{b(z)}{a(z)} = \frac{\sum_{r=0}^{M} b_r z^{-r}}{\sum_{k=0}^{N} a_k z^{-k}} = \frac{b_0 + b_1 z^{-1} + b_2 z^{-2} + \cdots + b_r z^{-r}}{a_0 + a_1 z^{-1} + a_2 z^{-2} + \cdots + a_k z^{-k}} \tag{6.2}$$

系统函数反映了系统响应与激励间的关系。

2. 利用 filter 函数求解离散系统的零状态响应

离散系统的零状态响应就是在系统初始状态为零的条件下差分方程的解。在零初始状态下，MATLAB 控制系统工具箱提供了一个 filter( ) 函数，可以计算差分方程描述的系统响应。

例 6.1　已知描述离散系统的差分方程为

$$y(n) - 0.25y(n-1) + 0.5y(n-2) = x(n) + x(n-1)$$

且已知系统输入序列为 $x(n) = (0.5)^n u(n)$。试利用 MATLAB 编程求解该系统的零状态响应。

解　MATLAB 脚本程序：

```
clear all;
a=[1,-0.25,0.5];
b=[1,1,0];
n=0:15;
x=(1/2).^n;
y=filter(b,a,x);
subplot(211)
stem(n,x);
xlabel('n');
ylabel('x(n)');
title('输入序列');
subplot(212)
stem(n,y);
xlabel('n');
ylabel('y(n)');
title('输出序列');
```

程序运行结果如图 6.1 所示。

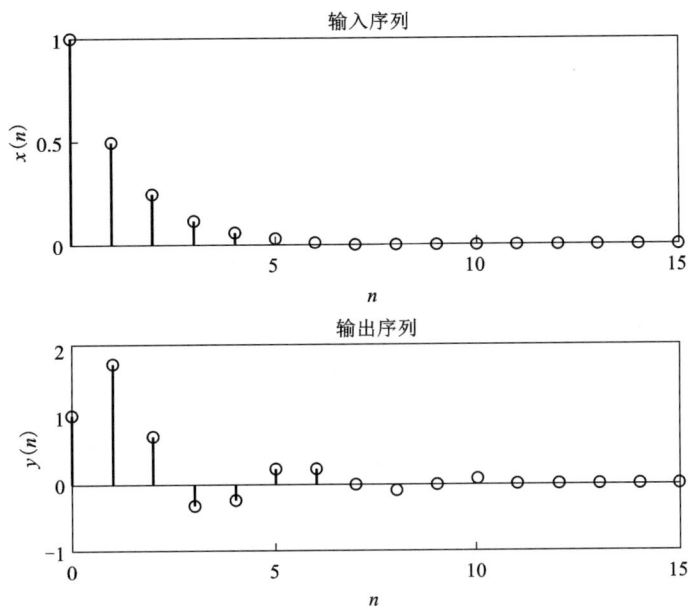

图 6.1　离散系统的零状态响应

3. 利用 impz 和 stepz 函数求解离散系统的单位冲激响应和阶跃响应

在 MATLAB 语言中，求解系统单位冲激响应和阶跃响应的最简单的方法是使用 MATLAB 提供的 impz 和 stepz 子函数。

下面举例说明使用 impz 和 stepz 子函数求解系统的冲激响应和阶跃响应的方法。

例 6.2　已知一个因果系统的差分方程为

$$y(n)-1.5y(n-1)+0.7y(n-2)=0.1x(n)+0.1x(n-1)$$

满足初始条件 $y(-1)=0$，$x(-1)=0$，试利用 MATLAB 编程求解该系统的单位冲激响应和阶跃响应。

解　这是一个 3 阶系统，列出其 b_r 和 a_k 系数：

$$b_0=0.1，b_1=0.1，b_2=0$$
$$a_0=1，a_1=-1.5，a_2=0.7$$

MATLAB 脚本程序如下（取 $N=36$ 点作图）：

```
clear all;
b=[0.1,0.1,0];
a=[1,-1.5,0.7];
N=36;
n=0:N-1;
hn=impz(b,a,n);
gn=stepz(b,a,n);
```

```
subplot(211)
stem(n,hn);
xlabel('n');
ylabel('h(n)');
title('系统的单位冲激响应');
subplot(212)
stem(n,gn);
xlabel('n');
ylabel('g(n)');
title('系统的单位阶跃响应');
```

程序运行结果如图 6.2 所示。

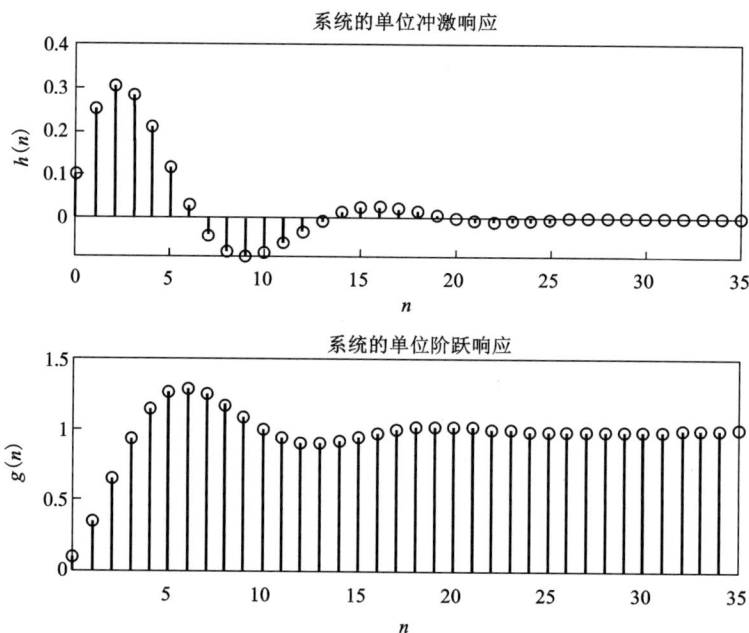

图6.2　系统的冲激响应与阶跃响应

4. 利用 dlsim 子函数求解离散系统对任意输入信号的响应

对于离散系统任意输入信号的响应,可以利用 MATLAB 提供的仿真 dlsim 子函数来求解。

例6.3　已知一个离散系统的系统函数为

$$H(z) = \frac{0.1z + 0.1}{z^2 - 1.5z + 0.7}$$

考虑如下输入信号:

(1)单位冲激信号;

（2）单位阶跃信号；

（3）$x = (-1)^n$，$0 \leq n \leq 50$。

试利用 MATLAB 编程求解该系统的响应。

解   MATLAB 脚本程序如下：

```
clear all;
b = [0.1,0.1,0];
a = [1,- 1.5,0.7];
n = 0:50;
x = [1 zeros(1,50)];
h1 = dlsim(b,a,x);
subplot(311)
stem(n,h1);
xlabel('n');
ylabel('h(n)');
title('输入信号:单位冲激信号');
x = ones(1,51);
h2 = dlsim(b,a,x);
subplot(312)
stem(n,h2);
xlabel('n');
ylabel('h(n)');
title('输入信号:单位冲激信号');
x = (- 1).^n;
h3 = dlsim(b,a,x);
subplot(313)
stem(n,h3);
xlabel('n');
ylabel('h(n)');
title('输入信号:x =(- 1)^n');
```

程序运行结果如图 6.3 所示。

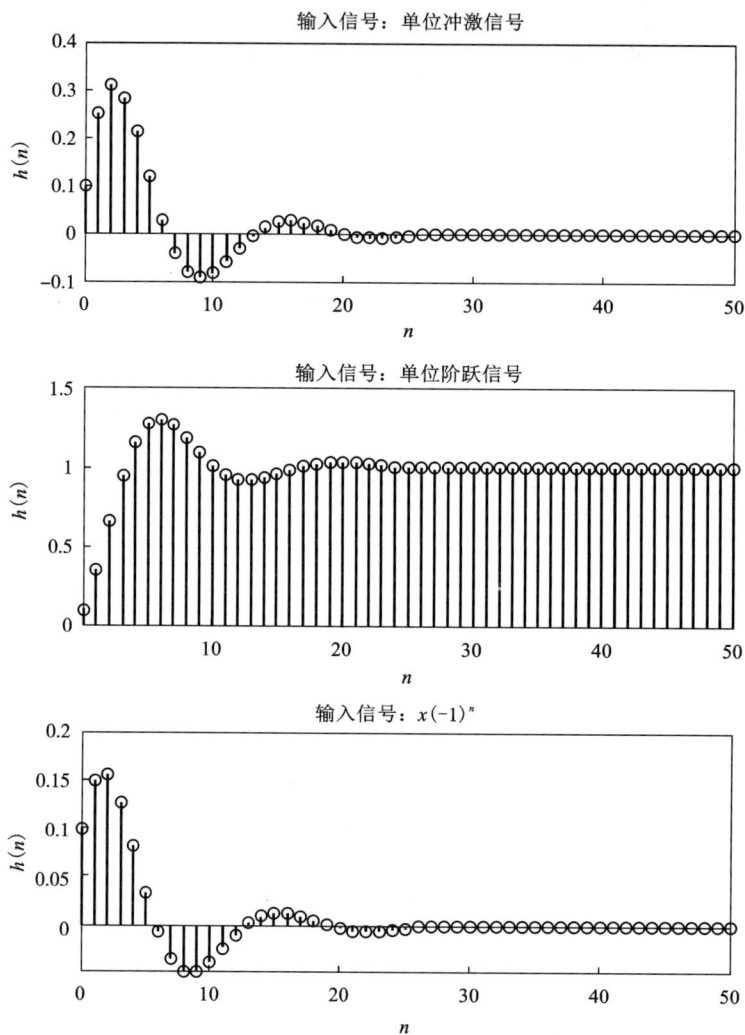

图 6.3 利用 dlsim 子函数求解离散系统的响应

四、实验任务

(1)已知描述离散系统的差分方程为

$$y(n) - 0.9y(n-1) = x(n)$$

且已知系统输入序列为 $x(n) = \cos\left(\dfrac{\pi}{3}\right) u(n)$。试利用 MATLAB 编程求解该系统的零状态响应,并图示计算结果。

(2)给定某离散系统的差分方程为

$$6y(n) + 2y(n-2) = x(n) + 3x(n-1) + 3x(n-2) + x(n-3)$$

满足初始条件 $y(-1) = 0$,$x(-1) = 0$,试利用 MATLAB 编程求解该系统的单位冲激响应和阶跃响应。

(3)已知一个离散系统的系统函数为

$$H(z) = \frac{0.01z^2 + 0.03z + 0.015}{z^2 - 1.6z + 0.8}$$

考虑如下输入信号：

①单位冲激信号；

②单位阶跃信号；

③$x = (0.8)^n$, $0 \leqslant n \leqslant 50$。

试利用 MATLAB 编程求解该系统的各个响应,并绘制响应图。

五、实验预习要求

(1)认真阅读实验原理,明确本次实验任务。

(2)读懂实验原理部分有关的例题程序,了解 MATLAB 进行离散时间系统冲激响应和阶跃响应求解的方法、步骤,熟悉 MATLAB 与本实验有关的子函数。

(3)根据实验任务预先编写实验程序。

六、实验报告要求

(1)简述实验目的和实验原理。

(2)根据离散时间系统响应的求解方法,分别写出各种响应相应的数学表达式。

(3)列出调试通过的实验程序代码,并给出实验结果。

(4)写出实验总结及个人心得体会。

七、思考题

(1)系统的自由响应和强迫响应的概念是什么?分别具有什么物理意义?

(2)系统的零输入响应和零状态响应的概念是什么?分别具有什么物理意义?

(3)系统的冲激响应和阶跃响应的概念是什么?分别具有什么物理意义?它们之间有何关系?

(4)如何利用 filter 函数求离散系统的单位冲激响应和单位阶跃响应?

实验 7　连续时间信号的频域分析

一、实验目的

(1)掌握连续时间信号的傅里叶变换 MATLAB 实现方法。
(2)掌握频域信号的傅里叶逆变换 MATLAB 实现方法。
(3)掌握信号频谱的 MATLAB 可视化方法。

二、实验涉及的 MATLAB 子函数

1. fourier( )

功能：求傅里叶变换。
调用格式：
F = fourier(f)
F = fourier(f, transVar)
F = fourier(f, var, transVar)

2. ifourier( )

功能：求傅里叶逆变换。
调用格式：
f = ifourier(F)
f = ifourier(F, transVar)
f = ifourier(F, var, transVar)

3. abs( )

功能：计算绝对值和复数的模。
调用格式：
Y = abs(X)

4. atan2( )

功能：计算反正切函数。
调用格式：

P=atan2(Y, X)

5. plot( )

功能：绘制二维曲线图。

调用格式：

plot(Y)

plot(X1,Y1,...)

plot(X1,Y1,LineSpec,...)

plot(...,'PropertyName',PropertyValue,...)

plot(axes_handle,...)

h = plot(...)

hlines = plot('v6',...)

三、实验原理

若函数 $f(t)$ 在 $(-\infty, +\infty)$ 上满足 Fourier 积分定理的条件，则称函数

$$F(\omega) = \int_{-\infty}^{+\infty} f(t) e^{-i\omega t} dt$$

为 $f(t)$ 的**Fourier 变换**，而称函数

$$f(t) = \frac{1}{2\pi} \int_{-\infty}^{+\infty} F(\omega) e^{i\omega t} d\omega$$

为 $F(\omega)$ 的**Fourier 逆变换**。

MATLAB 符号工具箱提供了 fourier( ) 函数来进行 Fourier 变换的计算。

例 7.1 求函数 $f(t) = e^{-a|t|}$ 的 Fourier 变换，其中 $a>0$。

解 根据 Fourier 变换的定义，有

$$
\begin{aligned}
F(\omega) = \mathcal{F}[f(t)] &= \int_{-\infty}^{+\infty} e^{-a|t|} e^{-i\omega t} dt \\
&= \int_{-\infty}^{0} e^{(a-i\omega)t} dt + \int_{0}^{+\infty} e^{(-a-i\omega)t} dt \\
&= \frac{1}{a-\omega i} e^{(a-i\omega)t} \Big|_{-\infty}^{0} + \frac{1}{-a-\omega i} e^{(-a-i\omega)t} \Big|_{0}^{+\infty} \\
&= \frac{1}{a-\omega i} + \frac{1}{a+\omega i} \\
&= \frac{2a}{a^2+\omega^2}
\end{aligned}
$$

采用 MATLAB 计算的脚本代码如下：

```
>> clear all;
>> syms omega t;
>> syms a positive;
>> f=exp(- a*abs(t));
```

```
>> F_omgea=fourier(f,t,omega)
```
F_omgea =

(2*a)/(a^2 + omega^2)

例 7.2 求函数 $f(t) = \begin{cases} e^{-at}, & t>0 \\ -e^{at}, & t<0 \end{cases}$ 的 Fourier 变换,其中 $a>0$。

解 根据 Fourier 变换的定义,有

$$F(\omega) = \int_{-\infty}^{+\infty} f(t)e^{-i\omega t}dt$$
$$= \int_{-\infty}^{0} -e^{at} \cdot e^{-i\omega t}dt + \int_{0}^{+\infty} e^{-at} \cdot e^{-i\omega t}dt$$
$$= -\frac{1}{a-i\omega} + \frac{1}{a+i\omega}$$
$$= -i\frac{2\omega}{a^2+\omega^2}$$

如果采用 MATLAB 计算,我们需要将原函数用单位阶跃函数 $H(t)$ 来表示,即
$$f(t) = e^{-at}H(t) - e^{at}H(-t)$$

采用 MATLAB 计算的脚本代码如下:
```
>> clear all;
>> syms omega t;
>> syms a positive;
>> f=heaviside(t)*exp(- a*t)- heaviside(- t)*exp(a*t);
>> F_omgea=fourier(f,t,omega)
```
F_omgea =

- 1/(a - omega*1i) + 1/(a + omega*1i)
```
>> F_omgea=simplify(F_omgea)
```
F_omgea =

- (omega*2i)/(a^2 + omega^2)

例 7.3 求函数 $f(t) = H(t+a)$ 的 Fourier 变换,其中 $a>0$。

解 因为
$$F(\omega) = \mathcal{F}[H(t)] = \pi\delta(\omega) + \frac{1}{i\omega}$$

再根据 Fourier 变换的时移性质,有
$$\mathcal{F}[H(t+a)] = e^{i\omega a}\mathcal{F}[H(t)] = e^{i\omega a}\left[\pi\delta(\omega) + \frac{1}{i\omega}\right]$$

采用 MATLAB 计算的脚本代码如下:
```
>> clear all;
>> syms omega t;
>> syms a positive;
>> f=heaviside(t+a);
>> F_omgea=fourier(f,t,omega)
```

F_omgea =

exp(a*omega*1i)*(pi*dirac(omega) - 1i/omega)

例 7.4 求函数 $f(t)=H(t+a)-H(t-a)$ 的 Fourier 变换，其中 $a>0$。

解 由于

$$f(t)=H(t+a)-H(t-a)=\begin{cases}1, & |t|<a\\ 0, & |t|>a\end{cases}$$

可知 $f(t)$ 为矩形脉冲函数，故

$$F(\omega)=\mathcal{F}[f(t)]=\int_{-\infty}^{+\infty}f(t)\,\mathrm{e}^{-i\omega t}\mathrm{d}t$$

$$=\int_{-\infty}^{-a}0\cdot\mathrm{e}^{-i\omega t}\mathrm{d}t+\int_{-a}^{a}1\cdot\mathrm{e}^{-i\omega t}\mathrm{d}t+\int_{a}^{+\infty}0\cdot\mathrm{e}^{-i\omega t}\mathrm{d}t$$

$$=\frac{1}{-\omega i}\mathrm{e}^{-i\omega t}\Big|_{-a}^{a}=\frac{\mathrm{e}^{\omega ai}-\mathrm{e}^{-\omega ai}}{\omega i}$$

$$=\frac{2\sin a\omega}{\omega}$$

采用 MATLAB 计算的脚本代码如下：

\>> clear all;

\>> syms omega t;

\>> syms a positive;

\>> f=heaviside(t+a)- heaviside(t- a);

\>> F_omgea=fourier(f,t,omega)

F_omgea =

(sin(a*omega) + cos(a*omega)*1i)/omega - (- sin(a*omega) + cos(a*omega)*1i)/omega

\>> F_omgea=simplify(F_omgea)

F_omgea =

(2*sin(a*omega))/omega

MATLAB 符号工具箱提供了 ifourier( ) 函数来进行 Fourier 逆变换的计算。

例 7.5 求函数 $F(\omega)=\pi\mathrm{e}^{-|\omega|}$ 的 Fourier 逆变换。

解 根据 Fourier 变换的定义，有

$$f(t)=\mathcal{F}^{-1}[F(\omega)]=\frac{1}{2\pi}\int_{-\infty}^{+\infty}\pi\mathrm{e}^{-|\omega|}\mathrm{e}^{i\omega t}\mathrm{d}\omega$$

$$=\frac{1}{2}\int_{-\infty}^{0}\mathrm{e}^{(1+it)\omega}\mathrm{d}\omega+\frac{1}{2}\int_{a}^{+\infty}\mathrm{e}^{(-1+it)\omega}\mathrm{d}\omega$$

$$=\frac{1}{2}\left[\frac{\mathrm{e}^{(1+it)\omega}}{1+it}\Big|_{-\infty}^{0}+\frac{\mathrm{e}^{(-1+it)\omega}}{-1+it}\Big|_{0}^{+\infty}\right]$$

$$=\frac{1}{2}\left(\frac{1}{1+it}-\frac{1}{-1+it}\right)=\frac{1}{1+t^2}$$

采用 MATLAB 计算的脚本代码如下：

\>> clear all;

\>> syms omega t;

```
>> F_omega=pi*exp(- abs(omega));
>> ft=ifourier(F_omega,omega,t)
ft =
1/(t^2 + 1)
```

例 7.6　求函数 $F(\omega)=\dfrac{2}{1+2i\omega}$ 的 Fourier 逆变换。

解　由于

$$F(\omega)=\frac{2}{1+2i\omega}=\frac{1}{\frac{1}{2}+i\omega}$$

所以

$$f(t)=e^{-\frac{t}{2}}H(t)$$

或

$$f(t)=e^{-\frac{t}{2}}\left[\frac{1}{2}+\frac{1}{2}\mathrm{sgn}(t)\right]$$

采用 MATLAB 计算的脚本代码如下：

```
>> clear all;
>> syms omega t;
>> F_omega=2/(1+2*i*omega);
>> ft=ifourier(F_omega,omega,t)
ft =
(exp(- t/2)*(sign(t) + 1))/2
```

在频谱分析中，$F(\omega)$ 又称为 $f(t)$ 的**频谱函数**，而 $F(\omega)$ 通常是复变函数，可以写成

$$F(\omega)=|F(\omega)|e^{i\varphi(\omega)}$$

式中，$|F(\omega)|$ 是 $F(\omega)$ 的**振幅谱**；$\varphi(\omega)$ 是 $F(\omega)$ 的**相位谱**。通常把 $|F(\omega)|\sim\omega$ 与 $\varphi(\omega)\sim\omega$ 曲线分别称为信号的振幅频谱和相位频谱，它们都是频率 ω 的连续函数，形状上与相应周期信号频谱的包络线相似。

例 7.7　绘制函数 $f(t)=e^{-t}H(t)$ 和 $f(at)=e^{-at}H(t)$ 的频谱图，其中 $a>0$。

解　因为

$$\mathcal{F}[f(t)]=\mathcal{F}[e^{-t}H(t)]=\frac{1}{1+i\omega}$$

所以

$$\mathcal{F}[f(at)]=\mathcal{F}[e^{-at}H(t)]=\left(\frac{1}{a}\right)\frac{1}{1+i\dfrac{\omega}{a}}=\frac{1}{a+i\omega}$$

取 $a=2$，下面给出绘制频谱图的 MATLAB 脚本代码：

```
clear all;
omega = [- 10:0.01:10];
f1_omega = 1./(1+i*omega);
```

```
f2_omega = 1./(2+i*omega);
amplitude1=abs(f1_omega);
amplitude2=abs(f2_omega);
phase1=atan2(imag(f1_omega),real(f1_omega));
phase2=atan2(imag(f2_omega),real(f2_omega));
subplot(211)
plot(omega,amplitude1)
hold on
plot(omega,amplitude2,'r:')
xlabel('\omega')
ylabel('|F(\omega)|')
subplot(212)
plot(omega,phase1)
hold on
plot(omega,phase2,'r:')
xlabel('\omega')
ylabel('\psi(\omega)')
```

程序执行结果如图 7.1 所示，其中实线代表 $f(t)$ 的频谱曲线，虚线代表 $f(2t)$ 的频谱图。

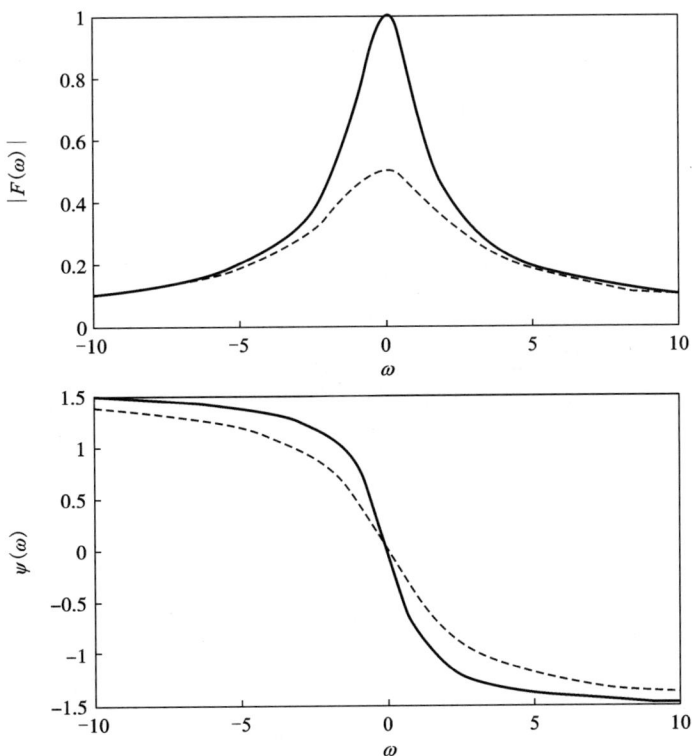

图 7.1　函数 $f(t)=e^{-at}H(t)$ 的频谱图

四、实验任务

（1）利用 MATLAB 求函数 $f(t) = \begin{cases} e^{2t}, & t<0 \\ e^{-t}, & t>0 \end{cases}$ 的 Fourier 变换，并绘制其振幅谱及相位谱。

（2）利用 MATLAB 求函数 $f(t) = \begin{cases} e^{-(1+i)t}, & t>0 \\ e^{-(1-i)t}, & t<0 \end{cases}$ 的 Fourier 变换，并绘制其振幅谱及相位谱。

（3）利用 MATLAB 求函数 $F(\omega) = \dfrac{1}{(1+i\omega)(1-2i\omega)^2}$ 的 Fourier 逆变换。

五、实验预习要求

（1）认真阅读实验原理，明确本次实验任务。
（2）读懂典型信号傅里叶变换和傅里叶逆变换的 MATLAB 程序。
（3）根据实验任务预先编写实验程序。

六、实验报告要求

（1）简述实验目的和实验原理。
（2）列出调试通过的实验程序代码，并给出实验结果。
（3）写出实验总结及收获。

七、思考题

（1）连续时间信号的频谱函数的物理意义是什么？
（2）傅里叶变换的条件是什么？怎么理解这些条件？
（3）如何理解傅里叶变换的各种特性？

实验 8 离散时间信号的频域分析

一、实验目的

(1)加深对离散傅里叶变换(DFT)基本理论的理解。
(2)掌握离散傅里叶变换的 MATLAB 实现方法。
(3)加深对快速傅里叶变换(FFT)基本理论的理解。
(4)掌握快速傅里叶变换的 MATLAB 实现方法。

二、实验涉及的 MATLAB 子函数

1. fft( )

功能:一维快速傅里叶变换(FFT)。
调用格式:
Y = fft(X)
Y = fft(X,n)
Y = fft(X,n,dim)

2. ifft( )

功能:一维快速傅里叶逆变换(IFFT)。
调用格式:
X = ifft(Y)
X = ifft(Y,n)
X = ifft(Y,n,dim)

3. fftshift( )

功能:对 fft 的输出进行重新排列,将零频分量移到频谱的中心。
调用格式:
Y = fftshift(X)
Y = fftshift(X, dim)

三、实验原理

1. 有限长序列的傅里叶变换(DFT)和逆变换(IDFT)

在实际工作中经常要对有限序列进行谱分析。如果有限序列信号为 $x(n)$，则该序列的离散傅里叶变换对可以表示为

$$X(k) = \mathrm{DFT}[x(n)] = \sum_{n=0}^{N-1} x(n) e^{-j\frac{2\pi}{N}nk}, \qquad k = 0, 1, \cdots, N-1 \tag{8.1}$$

$$x(n) = \mathrm{IDFT}[X(k)] = \frac{1}{N} \sum_{k=0}^{N-1} X(k) e^{j\frac{2\pi}{N}nk}, \qquad n = 0, 1, \cdots, N-1 \tag{8.2}$$

这是一个在新的意义下的变换对，称为离散傅里叶变换(DFT)。式(8.1)与式(8.2)分别称为 DFT 的正变换和逆变换。

通常记 $W = e^{-j\frac{2\pi}{N}}$，则式(8.1)与式(8.2)简化成

$$X(k) = \sum_{n=0}^{N-1} x(n) W^{nk} \tag{8.3}$$

$$x(n) = \frac{1}{N} \sum_{k=0}^{N-1} X(k) W^{-nk} \tag{8.4}$$

式(8.3)与式(8.4)可写成矩阵形式

$$\begin{bmatrix} X(0) \\ X(1) \\ \vdots \\ X(N-1) \end{bmatrix} = \begin{bmatrix} W^0 & W^0 & W^0 & \cdots & W^0 \\ W^0 & W^{1\times1} & W^{2\times1} & \cdots & W^{(N-1)\times1} \\ \vdots & \vdots & \vdots & & \vdots \\ W^0 & W^{1\times(N-1)} & W^{2\times(N-1)} & \cdots & W^{(N-1)\times(N-1)} \end{bmatrix} \begin{bmatrix} x(0) \\ x(1) \\ \vdots \\ x(N-1) \end{bmatrix} \tag{8.5}$$

和

$$\begin{bmatrix} x(0) \\ x(1) \\ \vdots \\ x(N-1) \end{bmatrix} = \frac{1}{N} \begin{bmatrix} W^0 & W^0 & W^0 & \cdots & W^0 \\ W^0 & W^{-1\times1} & W^{-2\times1} & \cdots & W^{-(N-1)\times1} \\ \vdots & \vdots & \vdots & & \vdots \\ W^0 & W^{-1\times(N-1)} & W^{-2\times(N-1)} & \cdots & W^{-(N-1)\times(N-1)} \end{bmatrix} \begin{bmatrix} X(0) \\ X(1) \\ \vdots \\ X(N-1) \end{bmatrix} \tag{8.6}$$

例 8.1 求 4 点序列 $x(n) = \cos\left(\dfrac{2\pi}{N}n\right)$ 的离散傅里叶变换。

解 由 $N = 4$，得

$$W = e^{-j\frac{2\pi}{N}} = -j$$

于是

$$\begin{bmatrix} X(0) \\ X(1) \\ X(2) \\ X(3) \end{bmatrix} = \begin{bmatrix} W^0 & W^0 & W^0 & W^0 \\ W^0 & W^1 & W^2 & W^3 \\ W^0 & W^2 & W^4 & W^6 \\ W^0 & W^3 & W^6 & W^9 \end{bmatrix} \begin{bmatrix} x(0) \\ x(1) \\ x(2) \\ x(3) \end{bmatrix} = \begin{bmatrix} 1 & 1 & 1 & 1 \\ 1 & -j & -1 & j \\ 1 & -1 & 1 & -1 \\ 1 & j & -1 & -j \end{bmatrix} \begin{bmatrix} 1 \\ 0 \\ -1 \\ 0 \end{bmatrix} = \begin{bmatrix} 0 \\ 2 \\ 0 \\ 2 \end{bmatrix}$$

采用 MATLAB 计算的脚本代码如下:

```
clear all;
x=[1 0 -1 0];
N=length(x);
for k=0:N-1
    for n=0:N-1
        X(n+1)=x(n+1)*exp(-j*2*pi*k*n/N);
    end
    Xk(k+1)=sum(X);
end
```

例 8.2 已知 $x(n)=[0, 1, 2, 3, 4, 5, 6, 7]$，求 $x(n)$ 的离散傅里叶变换。

解 采用 MATLAB 计算的脚本代码如下：

```
clear all;
x=[0 1 2 3 4 5 6 7];
N=length(x);
for k=0:N-1
    for n=0:N-1
        X(n+1)=x(n+1)*exp(-j*2*pi*k*n/N);
    end
    Xk(k+1)=sum(X);
end
mag=abs(Xk);
subplot(211)
stem(0:N-1,mag);
phase=angle(Xk);
subplot(212)
stem(0:N-1,phase);
```

程序运行结果如图 8.1 所示。

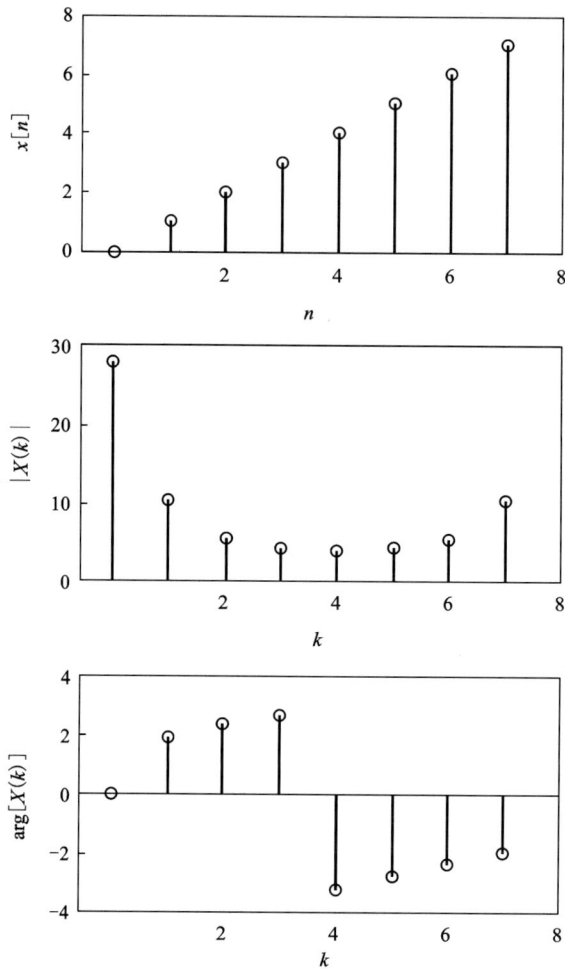

图 8.1 有限长序列的傅里叶变换结果

下面，我们给出求离散傅里叶变换的 MATLAB 函数文件 dft( )：

```
function Xk＝dft(x)
N＝length(x);
for k＝0:N- 1
    for n＝0:N- 1
        X(n+1)＝x(n+1)*exp(- j*2*pi*k*n/N);
    end
    Xk(k+1)＝sum(X);
end
end
```

例 8.3 已知 $X(k)＝[0; 2; 0; 2]$，求 $X(k)$ 的离散傅里叶逆变换。

解 因为 $N＝4$，故

$$W^{-1}＝e^{j\frac{2\pi}{N}}＝j$$

于是

$$
\begin{bmatrix} x(0) \\ x(1) \\ x(2) \\ x(3) \end{bmatrix} = \frac{1}{4} \begin{bmatrix} W^0 & W^0 & W^0 & W^0 \\ W^0 & W^{-1} & W^{-2} & W^{-3} \\ W^0 & W^{-2} & W^{-4} & W^{-6} \\ W^0 & W^{-3} & W^{-6} & W^{-9} \end{bmatrix} \begin{bmatrix} X(0) \\ X(1) \\ X(2) \\ X(3) \end{bmatrix} = \frac{1}{4} \begin{bmatrix} 1 & 1 & 1 & 1 \\ 1 & j & -1 & -j \\ 1 & -1 & 1 & -1 \\ 1 & -j & -1 & j \end{bmatrix} \begin{bmatrix} 0 \\ 2 \\ 0 \\ 2 \end{bmatrix} = \begin{bmatrix} 1 \\ 0 \\ -1 \\ 0 \end{bmatrix}
$$

采用 MATLAB 计算的脚本代码如下：

```
clear all;
Xk=[0; 2; 0; 2];
N=length(Xk);
for n=0:N-1
    for k=0:N-1
        xn(k+1)=Xk(k+1)*exp(j*2*pi*n*k/N);
    end
    x(n+1)=sum(xn);
end
x=(1/N)*x;
```

与例 8.1 的结果相比较，本题正好是该例的逆运算。

下面，我们给出求离散傅里叶逆变换的 MATLAB 函数文件 idft( )：

```
function x=idft(Xk)
N=length(Xk);
for n=0:N-1
    for k=0:N-1
        xn(k+1)=Xk(k+1)*exp(j*2*pi*n*k/N);
    end
    x(n+1)=sum(xn);
end
x=(1/N)*x;
```

2. 快速傅里叶变换（FFT）实现离散傅里叶变换（DFT）

快速傅里叶变换（FFT）是离散傅里叶变换（DFT）的快速算法，其运算次数比按 DFT 的定义直接计算大为减少。FFT 主要有时域抽取算法和频域抽取算法，基本思想是将一个长度为 N 的序列分解成多个短序列，如基 2 算法、基 4 算法，大大缩短了运算时间。

MATLAB 提供了进行快速傅里叶变换的内置函数 fft( ) 和进行快速傅里叶逆变换的内置函数 ifft( )。

例 8.4　利用函数 fft( ) 实现序列 $x(n)=[0,1,2,3,4,5,6,7]$ 的离散傅里叶变换，并利用函数 ifft( ) 进一步完成离散傅里叶逆变换。

解　采用 MATLAB 计算的脚本代码如下：

```
clear all;
x=[0 1 2 3 4 5 6 7];
```

```
N=length(x);
subplot(221)
stem(0:N- 1,x);
title('原序列 x(n)')
Xk=fft(x,N);
xn1=ifft(Xk,N);
subplot(222)
stem(0:N- 1,x);
title('x(n)=IDFT(Xk)')
subplot(212)
stem(0:N- 1,abs(Xk));
title('Xk=DFT[ x(n)]')
```

程序运行结果如图 8.2 所示，这与例 8.2 用 DFT 计算的结果一致。

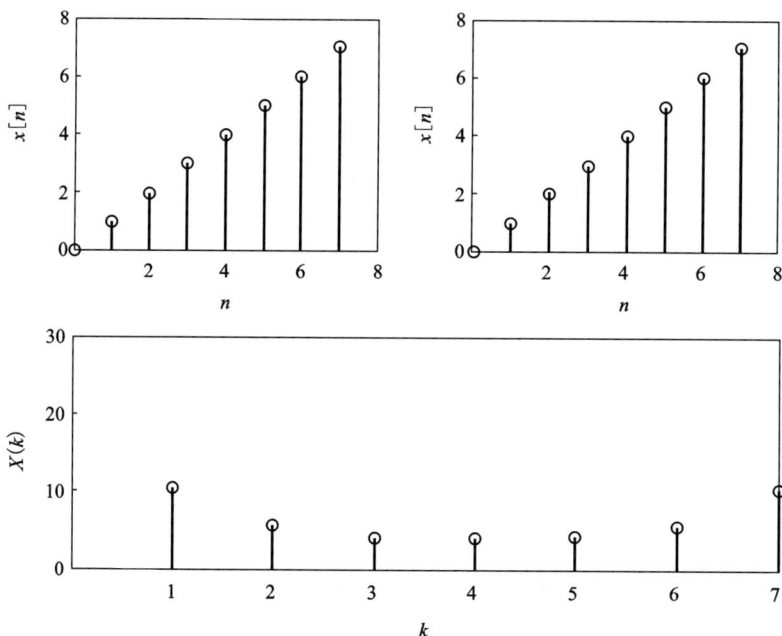

图 8.2 利用 FFT 求有限长序列的傅里叶变换结果

3. 离散信号的频谱分析

利用 MATLAB 提供的函数 fft( )可以计算离散周期信号和离散非周期信号的频谱。当序列长度有限时，可以求得准确的序列频谱的样点值。当序列很长或无限长时，由于截短产生泄露误差，计算结果只能是序列频谱样点值的近似。

例 8.5 利用函数 fft( )分析序列 $x(n)=0.8^n u(n)$ 的频谱。

解 经过分析可以得知信号为无限长，因此需要对其进行截短处理。该序列单调递减，

当 $n \geqslant 32$ 时，序列几乎衰减为 0，因此只取序列在 $[0, 32]$ 上的数值进行分析。采用 MATLAB 计算的脚本代码如下：

```
clear all;
n=0:32;
x=0.8.^n;
subplot(211)
stem(n,x);
title('时域波形');
w=n-15;
X=fftshift(fft(x));
subplot(212)
plot(w,abs(X));
xlabel('频谱特性');
ylabel('幅度值');
```

程序运行结果如图8.3所示。

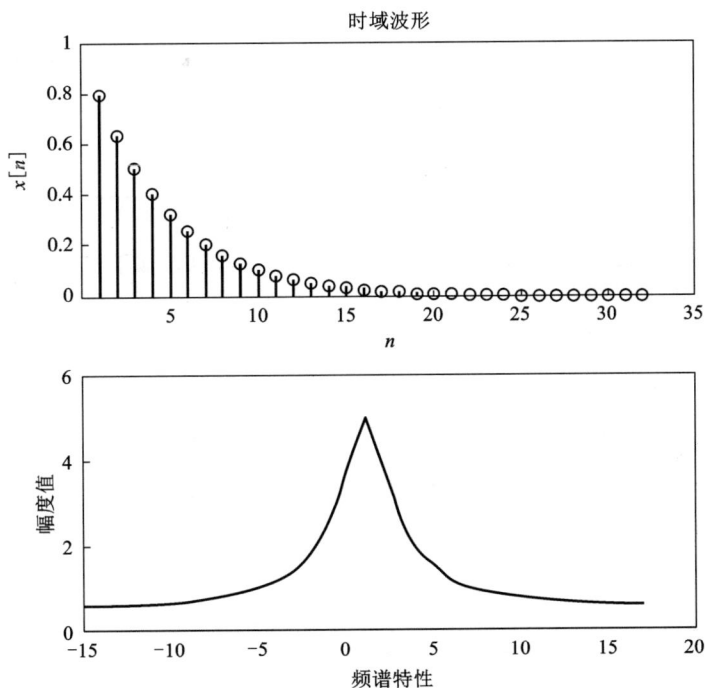

图8.3　非周期信号的时域波形及其幅度频谱

四、实验任务

(1)已知有限长序列 $x(n)=[7, 6, 5, 4, 3, 2]$，求 $x(n)$ 的离散傅里叶变换。要求：绘制序列傅里叶变换对应的 $|X(k)|$ 和 $\arg[X(k)]$ 的图形。

(2)已知 $X(k)=[6; -1-j; 0; -1+j]$，求 $X(k)$ 的离散傅里叶逆变换。

(3)利用函数 fft( )求 4 点序列 $x(n) = \cos\left(\dfrac{2\pi}{N}n\right)$ 的离散傅里叶变换,并利用函数 ifft( )进一步完成离散傅里叶逆变换。

(4)利用函数 fft( )分析序列 $x(n) = e^{-2n}u(n)$ 的频谱。

五、实验预习要求

(1)认真阅读实验原理,明确本次实验任务。

(2)读懂离散傅里叶变换和快速傅里叶变换的 MATLAB 程序。

(3)根据实验任务预先编写实验程序。

六、实验报告要求

(1)简述实验目的和实验原理。

(2)列出调试通过的实验程序代码,并给出实验结果。

(3)写出实验总结及收获。

七、思考题

(1)有限长序列的离散傅里叶变换有何特点?

(2)快速傅里叶变换与离散傅里叶变换有何联系?简述使用快速傅里叶变换的必要性。

(3)使用 MATLAB 提供的快速傅里叶变换有关内置函数,进行有限长和无限长序列频谱分析时,需要注意哪些问题?

实验 9 连续时间信号的复频域分析

一、实验目的

(1)掌握拉普拉斯变换的定义及收敛域问题。
(2)掌握拉普拉斯逆变换的求解方法。
(3)掌握用 MATLAB 仿真实现拉普拉斯变换及其逆变换的方法。

二、实验涉及的 MATLAB 子函数

1. laplace( )

功能：求拉普拉斯变换。
调用格式：
F = laplace(f)
F = laplace(f, transVar)
F = laplace(f, var, transVar)

2. ilaplace( )

功能：求拉普拉斯逆变换。
调用格式：
f = ilaplace(F)
f = ilaplace(F, transVar)
f = ilaplace(F, var, transVar)

3. int( )

功能：计算不定积分或定积分。
调用格式：
R = int(S,v)
R = int(S,v,a,b)

三、实验原理

设函数 $f(t)$ 在 $t \geq 0$ 上有定义，引入函数

$$f_1(t) = \begin{cases} 0, & t < 0 \\ f(t)\,e^{-\gamma t}, & t \geq 0 \end{cases}$$

式中，$\gamma > 0$。假定 $f_1(t)$ 满足傅里叶积分定理的条件，则 $f_1(t)$ 的像函数为

$$G_1(\omega) = \int_{-\infty}^{+\infty} f_1(t)\,e^{-i\omega t}\,dt = \int_0^{+\infty} f(t)\,e^{-(\gamma + i\omega)t}\,dt$$

令 $s = \gamma + i\omega$ 或 $\omega = \dfrac{s - \gamma}{i}$，又记 $G_1(\omega) = G_1\left(\dfrac{s-\gamma}{i}\right) = F(s)$，则上式可化为

$$F(s) = \int_0^{+\infty} f(t)\,e^{-st}\,dt \tag{9.1}$$

另一方面，根据 Fourier 变换的定义有

$$f_1(t) = \frac{1}{2\pi} \int_{-\infty}^{\infty} G_1(\omega)\,e^{i\omega t}\,d\omega$$

先以 $F(s)$ 代替 $G_1(\omega)$，再以 $f(t)\,e^{-\gamma t}$ 代替 $f_1(t)$，注意 $\omega = \dfrac{s-\gamma}{i}$，$d\omega = \dfrac{1}{i}\,ds$，因此解得 $f(t)$ 为

$$f(t) = \frac{1}{2\pi i} \int_{\gamma - i\infty}^{\gamma + i\infty} F(s)\,e^{\gamma t}\,e^{\frac{s-\gamma}{i}t}\,ds$$

即有

$$f(t) = \frac{1}{2\pi i} \int_{\gamma - i\infty}^{\gamma + i\infty} F(s)\,e^{st}\,ds \tag{9.2}$$

因此函数 $f(t)$ 与 $F(s)$ 可以相互表达。式(9.1)称为 $f(t)$ 的**Laplace 变换式**，记作

$$\mathcal{L}[f(t)] = F(s)$$

函数 $F(s)$ 称为 $f(t)$ 的**Laplace 变换**或**像函数**。反之，式(9.2)称为 $F(s)$ 的**Laplace 逆变换式**，记作

$$\mathcal{L}^{-1}[F(s)] = f(t)$$

函数 $f(t)$ 称为 $F(s)$ 的**Laplace 逆变换**或**像原函数**。

MATLAB 符号工具箱提供了 laplace( ) 函数来进行 Laplace 变换的计算。

例 9.1 求函数 $f(t) = t^n (n > 0)$ 的 Laplace 变换。

解 当 $n > 0$ 时，有

$$F(s) = \mathcal{L}[t^n] = \frac{\Gamma(n+1)}{s^{n+1}}$$

特别地，当 n 为正整数时，

$$F(s) = \mathcal{L}[t^n] = \frac{n!}{s^{n+1}}$$

采用 MATLAB 计算的脚本代码如下：

```
>> clear all;
```

>> syms s t;

>> syms n positive;

>> f=t^n;

>> F=laplace(f,t,s)

F =

gamma(n + 1)/s^(n + 1)

例 9.2 求函数 $f(t)=t\cos(at)$ 的 Laplace 变换。

解 因为

$$\mathcal{L}[\cos(at)]=\frac{s}{s^2+a^2},$$

根据像函数的微分性质, 可得

$$\mathcal{L}[t\cos(at)]=-\frac{\mathrm{d}}{\mathrm{d}s}\left(\frac{s}{s^2+a^2}\right)=\frac{s^2-a^2}{(s^2+a^2)^2}$$

采用 MATLAB 计算的脚本代码如下:

>> clear all;

>> syms a s t;

>> f=t*cos(a*t);

>> F=laplace(f,t,s)

F =

(2*s^2)/(a^2 + s^2)^2 - 1/(a^2 + s^2)

例 9.3 求函数 $f(t)=\dfrac{\mathrm{e}^{bt}-\mathrm{e}^{at}}{t}$ 的 Laplace 变换。

解 因为

$$\mathcal{L}[\mathrm{e}^{bt}]=\frac{1}{s-b},\ \ \mathcal{L}[\mathrm{e}^{at}]=\frac{1}{s-a}$$

根据像函数的积分性质, 可得

$$\begin{aligned}
\mathcal{L}\left[\frac{\mathrm{e}^{bt}-\mathrm{e}^{at}}{t}\right] &= \int_s^{+\infty}\left(\frac{1}{z-b}-\frac{1}{z-a}\right)\mathrm{d}z \\
&= \lim_{x\to+\infty}\int_s^x\left(\frac{1}{z-b}-\frac{1}{z-a}\right)\mathrm{d}z \\
&= \lim_{x\to+\infty}\left(\ln\frac{x-b}{x-a}-\ln\frac{s-b}{s-a}\right) \\
&= \ln(1)-\ln\frac{s-b}{s-a} \\
&= -\ln\frac{s-b}{s-a}
\end{aligned}$$

采用 MATLAB 计算的脚本代码如下:

>> clear all;

>> syms a b s t;

```
>> f=(exp(b*t)- exp(a*t))/t;
>> F=laplace(f,t,s)
F =
- log((b - s)/(a - s))
```

另外，根据 Laplace 变换的定义，我们也可以通过 MATLAB 提供的符号积分函数 int( )求出变换的结果，特别对分段函数的 Laplace 变换的求解提供了方便，现举例如下。

例 9.4 求下列 Laplace 变换：

$$f(t)=\begin{cases} e^t, & 0<t<2 \\ 0, & t>2 \end{cases}$$

解 根据 Laplace 变换的定义，有

$$F(s)=\mathcal{L}[f(t)]=\int_0^{+\infty} f(t)e^{-st}dt \int_0^2 e^{(1-s)t}dt=\frac{e^{2(1-s)}-1}{1-s}$$

采用 MATLAB 计算的脚本代码如下：

```
>> clear all;
>> syms s t;
>> f=exp(t)*exp(- s*t);
>> F=int(f,t,0,2)
F =
- (exp(2 - 2*s) - 1)/(s - 1)
```

MATLAB 符号工具箱提供了 ilaplace( )函数来进行 Laplace 逆变换的计算。

例 9.5 求函数 $F(s)=\dfrac{s-5}{s^2+6s+13}$ 的 Laplace 逆变换。

解 因为

$$\frac{s-5}{s^2+6s+13}=\frac{s-5}{(s+3)^2+4}=\frac{(s+3)-8}{(s+3)^2+4}$$

根据 Laplace 变换的频移性质和线性性质，有

$$\mathcal{L}^{-1}\left[\frac{s-5}{s^2+6s+13}\right]=\mathcal{L}^{-1}\left[\frac{(s+3)-8}{(s+3)^2+4}\right]=e^{-3t}\mathcal{L}^{-1}\left[\frac{s-8}{s^2+4}\right]$$

$$=e^{-3t}\mathcal{L}^{-1}\left[\frac{s}{s^2+4}\right]-4e^{-3t}\mathcal{L}^{-1}\left[\frac{2}{s^2+4}\right]$$

$$=e^{-3t}(\cos 2t-4\sin 2t)$$

采用 MATLAB 计算的脚本代码如下：

```
>> clear all;
>> syms s t;
>> F=(s- 5)/(s^2+6*s+13);
>> f=ilaplace(F,s,t)
f =
exp(- 3*t)*(cos(2*t) - 4*sin(2*t))
```

例 9.6　求函数 $F(s)=\dfrac{1}{s^2(1+s^2)}$ 的 Laplace 逆变换。

解　因为

$$F(s)=\frac{1}{s^2(1+s^2)}=\frac{1}{s^2}\cdot\frac{1}{s^2+1}$$

所以取

$$F_1(s)=\frac{1}{s^2},\ F_2(s)=\frac{1}{s^2+1}$$

于是

$$f_1(t)=t,\ f_2(t)=\sin t$$

根据卷积定理，有

$$\begin{aligned}
\mathcal{L}^{-1}\left[\frac{1}{s^2(1+s^2)}\right]&=f_1(t)\times f_2(t)=t\times\sin t\\
&=\int_0^t \xi\sin(t-\xi)\,\mathrm{d}\xi\\
&=\xi\cos(t-\xi)\,\big|_0^t-\int_0^t\cos(t-\xi)\,\mathrm{d}\xi\\
&=t-\sin t
\end{aligned}$$

采用 MATLAB 计算的脚本代码如下：

```
>> clear all
>> clear all;
>> syms s t;
>> F=1/(s^2*(1+s^2));
>> f=ilaplace(F,s,t)
f =
t - sin(t)
```

例 9.7　求函数 $F(s)=\dfrac{\mathrm{e}^{-3s}}{s^2(s-1)}$ 的 Laplace 逆变换。

解　根据 Laplace 逆变换公式有

$$\begin{aligned}
f(t)&=\frac{1}{2\pi\mathrm{i}}\int_{\gamma-\mathrm{i}\infty}^{\gamma+\mathrm{i}\infty}F(s)\mathrm{e}^{st}\mathrm{d}s=\frac{1}{2\pi\mathrm{i}}\int_{\gamma-\mathrm{i}\infty}^{\gamma+\mathrm{i}\infty}\frac{\mathrm{e}^{(t-3)s}}{s^2(s-1)}\mathrm{d}s\\
&=\frac{1}{2\pi\mathrm{i}}\oint_C\frac{\mathrm{e}^{(t-3)s}}{s^2(s-1)}\mathrm{d}s-\frac{1}{2\pi\mathrm{i}}\int_{C_R}\frac{\mathrm{e}^{(t-3)s}}{s^2(s-1)}\mathrm{d}s
\end{aligned}$$

当 $t<3$ 时，$f(t)=0$；

当 $t>3$ 时，因为像函数 $F(s)$ 有一级极点 $s=1$ 和二级极点 $s=0$，则有

$$f(t)=\mathrm{Res}\left[\frac{\mathrm{e}^{(t-3)s}}{s^2(s-1)},\ 1\right]+\mathrm{Res}\left[\frac{\mathrm{e}^{(t-3)s}}{s^2(s-1)},\ 0\right]$$

计算留数得

$$\mathrm{Res}[F(s)\mathrm{e}^{st},\ 1]=\lim_{s\to1}\left[(s-1)\frac{\mathrm{e}^{(t-3)s}}{s^2(s-1)}\right]=\mathrm{e}^{t-3},$$

$$\mathrm{Res}\left[F(s)\mathrm{e}^{st},\,0\right]=\lim_{s\to 0}\frac{1}{(2-1)!}\frac{\mathrm{d}}{\mathrm{d}s}\left[s^2\,\frac{\mathrm{e}^{(t-3)s}}{s^2(s-1)}\right]$$

$$=\lim_{s\to 0}\left[\frac{(t-3)\mathrm{e}^{(t-3)s}}{s-1}-\frac{\mathrm{e}^{(t-3)s}}{(s-1)^2}\right]$$

$$=2-t$$

故

$$f(t)=\mathrm{e}^{t-3}+2-t$$

综合得

$$\mathcal{L}^{-1}\left[\frac{\mathrm{e}^{-3s}}{s^2(s-1)}\right]=(\mathrm{e}^{t-3}+2-t)H(t-3)$$

采用 MATLAB 计算的脚本代码如下:

```
>> syms s t;
>> F = exp(- 3*s)/(s^2*(s- 1));
>> f = ilaplace(F,s,t)
f =
heaviside(t - 3)*(exp(t - 3) - t + 2)
```

四、实验任务

(1)利用 MATLAB 求函数 $f(t)=2\sin t-\cos(2t)+\cos(3-t)$ 的 Laplace 变换。

(2)利用 MATLAB 求函数 $f(t)=(t^2+2)H(t-1)+H(t-2)$ 的 Laplace 变换。

(3)利用 MATLAB 求函数 $F(s)=\dfrac{s}{(s^2+1)^2}$ 的 Laplace 逆变换。

(4)利用 MATLAB 求函数 $F(s)=\dfrac{s-4}{(s+2)(s+1)(s-3)}$ 的 Laplace 逆变换。

五、实验预习要求

(1)认真阅读实验原理,明确本次实验任务。

(2)读懂典型信号拉普拉斯变换和拉普拉斯逆变换的 MATLAB 程序。

(3)根据实验任务预先编写实验程序。

六、实验报告要求

(1)简述实验目的和实验原理。

(2)按照实验内容分别编写出 MATLAB 程序代码,调试运行结果,并对执行结果加以理论分析和说明。

(3)总结实验过程中的主要收获以及心得体会。

七、思考题

(1)信号的拉普拉斯变换的物理意义是什么?

(2)傅里叶变换与拉普拉斯变换的对应关系是什么?

(3)拉普拉斯变换的表达式在部分分式展开遇到复根时应注意什么?

实验 10　离散时间信号的 Z 域分析

一、实验目的

(1)掌握离散时间序列 Z 变换的定义及其收敛域问题。

(2)掌握典型离散时间序列 Z 变换的一般表达式。

(3)掌握求解逆 Z 变换的基本方法。

(3)掌握用 MATLAB 仿真实现 Z 变换及逆 Z 变换的方法。

二、实验涉及的 MATLAB 子函数

1. ztrans( )

功能：求 Z 变换。

调用格式：

F＝ztrans(f)

F＝ztrans(f, transVar)

F＝ztrans(f, var, transVar)

2. iztrans ( )

功能：求逆 Z 变换。

调用格式：

f＝iztrans(F)

f＝iztrans(F, transVar)

f＝iztrans(F, var, transVar)

三、实验原理

序列 $f(n)$ 的双边 Z 变换定义如下：

$$F(z) = \sum_{n=-\infty}^{+\infty} f(n) z^{-n} \tag{10.1}$$

式中：z 为复数。为了方便起见，上式常简写为

$$F(z) = \mathcal{Z}[f(n)]$$

序列的 Z 变换实质上是以序列 $f(n)$ 为加权系数的 z 的幂级数之和。双边序列的双边 Z 变换既包含 z 的正幂项，也包含 z 的负幂项。

式(10.1)中，若 n 的取值范围是 0 到 $+\infty$，则得序列 $f(n)$ 的单边 Z 变换，其定义式为

$$F(z) = \sum_{n=0}^{+\infty} f(n) z^{-n} \tag{10.2}$$

序列的单边 Z 变换是以序列 $f(n)$ 为加权系数的 z 的负幂项的级数之和。显然，因果序列的双边 Z 变换与单边 Z 变换结果是相同的。

由已知 $F(z)$ 及其收敛域求对应的 $f(n)$ 的运算，称为逆 Z 变换，记为

$$f(n) = \mathcal{Z}^{-1}[F(z)] \tag{10.3}$$

逆 Z 变换主要有三种求法：幂级数展开法(长除法)、部分分式展开法和留数法。

MATLAB 符号工具箱提供了 ztrans() 函数来进行单边 Z 变换的计算。

例 10.1　求序列 $f(n) = e^{-anT}$ 的 Z 变换，其中 $n \geq 0$，a 为实数或虚数。

解　根据 Z 变换的定义，有

$$F(z) = \sum_{n=0}^{+\infty} e^{-anT} z^{-n} = \sum_{n=0}^{+\infty} (e^{-aT} z^{-1})^n$$

令 $u = e^{-aT} z^{-1}$，则有

$$F(z) = \sum_{n=0}^{+\infty} u^n = \frac{1}{1-u}$$

当 a 为实数时，由于 $|u| = e^{-aT}|z^{-1}|$，收敛条件为 $|z| > e^{-aT}$，因此

$$F(z) = \frac{z}{z - e^{-aT}}, \quad |z| > e^{-aT}$$

当 a 为虚数时，由于 $|u| = |z^{-1}|$，收敛条件为 $|z| > 1$，因此

$$F(z) = \frac{z}{z - e^{-aT}}, \quad |z| > 1$$

综合可得

$$F(z) = \frac{z}{z - e^{-aT}}, \quad |z| > |e^{-aT}|$$

采用 MATLAB 计算 Z 变换的脚本代码如下：

```
>> clear all;
>> syms n positive;
>> syms a z T;
>> f=exp(- a*n*T);
>> F=ztrans(f,n,z)
F =
z/(z - exp(- T*a))
```

例 10.2　求序列 $f(n) = n(0.8)^n$ 的 Z 变换，其中 $n \geq 0$。

解　因为

$$\mathcal{Z}[(0.8)^n] = \frac{z}{z - 0.8}, \quad |z| > 0.8$$

根据 Z 变换的微分性质，得

$$\mathcal{Z}[n(0.8)^n]=-z\frac{\mathrm{d}}{\mathrm{d}z}Z[(0.8)^n]=\frac{0.8z}{(z-0.8)^2}, \quad |z|>0.8$$

绘制波形图的 MATLAB 脚本如下：

>> clear all;
>> n=0:50;
>> f=n.*0.8.^n;
>> stem(n,f);
>> xlabel('n');
>> ylabel('f(n)');

波形如图 10.1 所示。

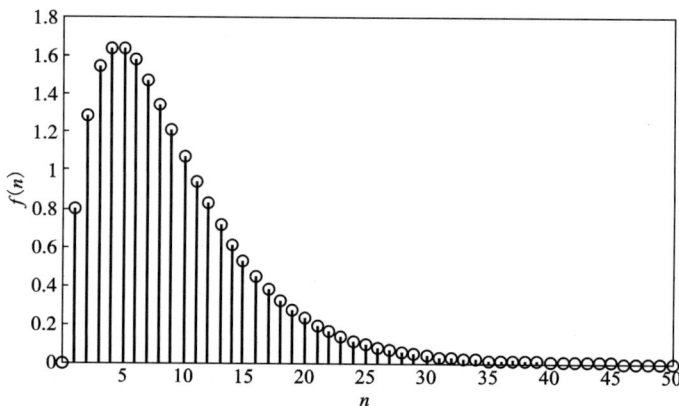

图 10.1 序列 $f(n)=n(0.8)^n$ 的波形图

采用 MATLAB 计算 Z 变换的脚本代码如下：

>> clear all;
>> syms n x positive;
>> syms z;
>> f=n*0.8^n;
>> F = ztrans(f,n,z)
F =
(20*z)/(5*z - 4)^2

MATLAB 符号工具箱提供了 iztrans( ) 函数来进行逆 Z 变换的计算。

例 10.3　求函数 $F(z)=\dfrac{z^2+z}{(z-2)^2}$ 的逆 Z 变换。

解　根据部分分式展开，有

$$\frac{F(z)}{z}=\frac{z^2+z}{(z-2)^2}=\frac{B_1}{z-2}+\frac{B_2}{(z-2)^2}$$

计算待定系数，得

$$B_1 = \frac{1}{(2-1)!}\frac{\mathrm{d}}{\mathrm{d}z}\left[(z-2)^2\frac{F(z)}{z}\right]\Bigg|_{z=2} = 1,$$

$$B_2 = (z-2)^2\frac{F(z)}{z}\Bigg|_{z=2} = 3$$

于是

$$F(z) = \frac{z}{z-2} + \frac{3z}{(z-2)^2}$$

所以

$$f(n) = \mathcal{Z}^{-1}\left[\frac{z^2+z}{(z-2)^2}\right] = Z^{-1}\left[\frac{z}{z-2}\right] + Z^{-1}\left[\frac{3z}{(z-2)^2}\right] = 2^n + \frac{3}{2}n\cdot 2^n,\ n\geqslant 0$$

采用 MATLAB 计算的脚本代码如下：

```
>> clear all;
>> syms z;
>> syms n positive;
>> F=(z^2+z)/(z- 2)^2;
>> f=iztrans(F,z,n)
f =
(5*2^n)/2 + (3*2^n*(n - 1))/2
>> simplify(f)
ans =
(2^n*(3*n + 2))/2
```

例 10.4 求函数 $F(z) = \frac{z^2+2z}{(z-1)^2}$ 的逆 Z 变换。

解 利用留数法，有

$$\mathcal{Z}^{-1}\left[\frac{z^2+2z}{(z-1)^2}\right] = \frac{1}{2\pi\mathrm{i}}\oint_C \frac{z^{n+1}+2z^n}{(z-1)^2}\mathrm{d}z = \mathrm{Res}\left[\frac{z^{n+1}+2z^n}{(z-1)^2},\ 1\right]$$

这里 $z=1$ 为二级极点，计算留数得

$$\mathrm{Res}\left[\frac{z^{n+1}+2z^n}{(z-1)^2},\ 1\right] = \frac{\mathrm{d}}{\mathrm{d}z}(z^{n+1}+2z^n)\Bigg|_{z=1} = 3n+1$$

所以

$$f(n) = \mathcal{Z}^{-1}\left[\frac{z^2+2z}{(z-1)^2}\right] = 3n+1,\ n\geqslant 0$$

采用 MATLAB 计算的脚本代码如下：

```
>> clear all;
>> syms z;
>> syms n positive;
>> F=(z^2+2*z)/(z- 1)^2;
>> f=iztrans(F,z,n)
f =
3*n + 1
```

例 10.5 求函数 $F(z)=\dfrac{z^2}{(z-2)(z-3)}$ 的逆 Z 变换。

解 由于

$$\mathcal{Z}^{-1}\left[\frac{z}{z-2}\right]=2^n,\ \mathcal{Z}^{-1}\left[\frac{z}{z-3}\right]=3^n$$

根据卷积定理有

$$\mathcal{Z}^{-1}\left[\frac{z^2}{(z-2)(z-3)}\right]=\sum_{m=0}^{n}2^m3^{n-m}=3^n\sum_{m=0}^{n}\left(\frac{2}{3}\right)^m=3^n\left[\frac{1-\left(\frac{2}{3}\right)^{n+1}}{1-\frac{2}{3}}\right]=3^{n+1}-2^{n+1}$$

因此，

$$f(n)=\mathcal{Z}^{-1}\left[\frac{z^2}{(z-2)(z-3)}\right]=3^{n+1}-2^{n+1},\ n\geqslant0$$

采用 MATLAB 计算的脚本代码如下：
```
>> clear all;
>> syms z;
>> syms n positive;
>> F = z^2/((z- 2)*(z- 3));
>> f=iztrans(F,z,n)
f =
3*3^n - 2*2^n
```

例 10.6 已知 $f(n)=0.9^n$ 和 $g(n)=0.8^n$，且 $n\geqslant0$，求 $f(n)\times g(n)$。

解 因为

$$\mathcal{Z}[f(n)]=\frac{z}{z-0.9},\ \mathcal{Z}[g(n)]=\frac{z}{z-0.8}$$

根据时域卷积性质有

$$\mathcal{Z}[f(n)\times g(n)]=\mathcal{Z}[f(n)]\cdot\mathcal{Z}[g(n)]=\frac{z^2}{(z-0.9)(z-0.8)}$$

利用留数法，有

$$f(n)\times g(n)=\mathcal{Z}^{-1}\left[\frac{z^2}{(z-0.9)(z-0.8)}\right]=\frac{1}{2\pi i}\oint_C\frac{z^{n+1}}{(z-0.9)(z-0.8)}dz$$

$$=\mathrm{Res}\left[\frac{z^{n+1}}{(z-0.9)(z-0.8)},\ 0.9\right]+\mathrm{Res}\left[\frac{z^{n+1}}{(z-0.9)(z-0.8)},\ 0.8\right]$$

计算留数得

$$\mathrm{Res}\left[\frac{z^{n+1}}{(z-0.9)(z-0.8)},\ 0.9\right]=\frac{z^{n+1}}{z-0.8}\bigg|_{z=0.9}=9\left(\frac{9}{10}\right)^n,$$

$$\mathrm{Res}\left[\frac{z^{n+1}}{(z-0.9)(z-0.8)},\ 0.8\right]=\frac{z^{n+1}}{z-0.9}\bigg|_{z=0.8}=-8\left(\frac{4}{5}\right)^n,$$

所以

$$f(n) \times g(n) = 9\left(\frac{9}{10}\right)^n - 8\left(\frac{4}{5}\right)^n, \ n \geqslant 0$$

下面,我们给出 MATLAB 求解和图示计算结果的脚本代码:

```
>> clear all;
>> syms n positive;
>> syms z;
>> f = 0.9^n;
>> g = 0.8^n;
>> F = ztrans(f,n,z);
>> G = ztrans(g,n,z);
>> Convolution = iztrans(F*G,z,n)
Convolution =
9*(9/10)^n - 8*(4/5)^n
>> n = 0:50;
>> result = subs(Convolution,n);
>> stem(n,result);
>> xlabel('n');
>> ylabel('f(n)*g(n)');
```

两序列的卷积波形如图 10.2 所示。

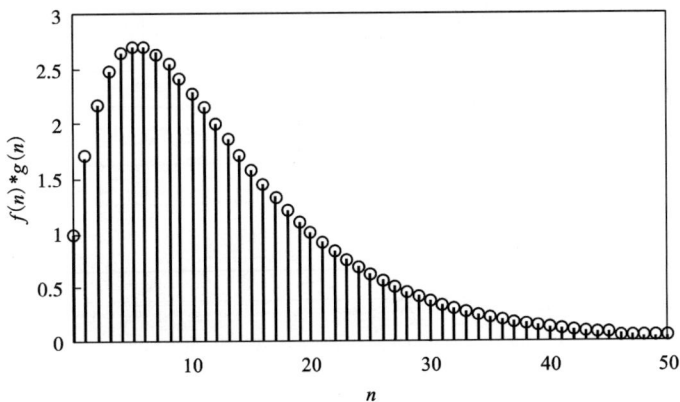

图 10.2　序列 0.9^n 和 0.8^n 的卷积结果图

四、实验任务

(1)利用 MATLAB 求函数 $f(n) = \dfrac{a^n}{n!}$, $n \geqslant 0$ 的 Z 变换。

(2)利用 MATLAB 求函数 $f(n) = H(n) - H(n-2)$, $n \geqslant 0$ 的 Z 变换。

(3)利用 MATLAB 求函数 $F(z) = \dfrac{1.5z^2 + 1.5z}{15.25z^2 - 36.75z + 30.75}$ 的逆 Z 变换。

(4)利用 MATLAB 求函数 $F(z) = \dfrac{z(z+1)}{(z-1)(z^2-z+1/4)}$ 的逆 Z 变换。

五、实验预习要求

(1)认真阅读实验原理,明确本次实验任务。

(2)写出读懂典型 Z 变换和逆 Z 变换的 MATLAB 程序。

(3)根据实验任务预先编写实验程序。

六、实验报告要求

(1)简述实验目的和实验原理。

(2)写出 Z 变换的基本求解方法,编写 MATLAB 程序代码,绘制变换后的 Z 域波形图。

(3)写出逆 Z 变换的基本求解方法,编写 MATLAB 程序代码,并对执行结果进行理论分析和说明。

(4)总结实验过程中的主要收获以及心得体会。

七、思考题

(1)离散序列一般分为哪几类?它们的 Z 变换的收敛域有何不同?

(2)对于 Z 变换的时移特性,双边 Z 变换和单边 Z 变换有何区别?

实验 11　离散时间系统的 Z 域分析

一、实验目的

(1) 掌握离散时间系统响应的 Z 变换分析方法。
(2) 掌握离散系统的系统函数和频率响应的基本概念。
(3) 掌握离散系统的系统函数的零极点与系统特性的关系。
(4) 掌握利用 MATLAB 仿真实现离散时间系统 Z 域分析的方法。

二、实验涉及的 MATLAB 子函数

1. solve( )

功能：求解代数方程。
调用格式：
S = solve(eqn, var)
S = solve(eqn, var, Name, Value)

2. filter( )

功能：对系统的输入信号进行滤波处理。
调用格式：
y = filter(b,a,x)
y = filter(b,a,x,zi)
y = filter(b,a,x,zi,dim)

3. filtic( )

功能：为 filter 函数选择初始条件。
调用格式：
z = filtic(b,a,y,x)
z = filtic(b,a,y)

4. tf2zp( )

功能：将系统传替函数模型转换为系统函数的零–极点增益模型。

调用格式：

$[z, p, k] = tf2zp(b, a)$

5. zplane( )

功能：显示离散系统的零极点分布图。

调用格式：

zplane(z, p)

zplane(b, a)

$[hz, hp, ht] = zplane(z, p)$

6. freqz( )

功能：用于求解离散时间系统的频率响应函数。

调用格式：

$[h,w] = freqz(b,a,n)$

$[h,w] = freqz(sos,n)$

$[h,w] = freqz(d,n)$

三、实验原理

1. 差分方程的 Z 域解

利用 Z 变换的时移特性可以把差分方程转换成代数方程，然后求出待求量的 Z 变换表达式，再经逆 Z 变换得到时域解。用 Z 变换求解差分方程的方法比时域法简便些，它与用 Laplace 变换求解微分方程的过程类似。根据 Z 变换的时移性质，对欲求解的差分方程两端取 Z 变换，将其转化为像函数的代数方程，由这个代数方程求出像函数，然后再取逆 Z 变换就可获得差分方程的解。

MATLAB 符号工具箱提供了 solve( ) 函数来求解符号代数方程，若再结合 ztrans ( ) 函数和 iztrans ( ) 函数，我们便能实现利用 Z 变换求解差分方程。

例 11.1 采用 Z 变换求解下列二阶差分方程的初值问题：

$$\begin{cases} 2y(n) - 3y(n-1) + y(n-2) = x(n) - x(n-1), & n \geq 0 \\ y(-2) = -2 \\ y(-1) = -1 \end{cases}$$

式中：$x(n) = 0.9^n H(n)$。

解 由于

$$\mathcal{Z}[x(n)] = \mathcal{Z}[0.9^n H(n)] = \frac{z}{z-0.9},$$

$$\mathcal{Z}[x(n-1)] = z^{-1}\mathcal{Z}[x(n)] = \frac{1}{z-0.9}$$

令 $\mathcal{Z}[y(n)] = Y(z)$，对方程两端取 Z 变换，则有

$$2\mathcal{Z}[y(n)] - 3\mathcal{Z}[y(n-1)] + \mathcal{Z}[y(n-2)] = \mathcal{Z}[x(n)] - \mathcal{Z}[x(n-1)]$$

根据时移性质,有

$$2Y(z) - 3[z^{-1}Y(z) + y(-1)] + [z^{-2}Y(z) + y(-2) + z^{-1}y(-1)] = \frac{z-1}{z-0.9}$$

结合初值条件,整理后得

$$Y(z) = \frac{9z}{20z^2 - 28z + 9}$$

即

$$Y(z) = \frac{\frac{9}{20}z}{\left(z - \frac{1}{2}\right)\left(z - \frac{9}{10}\right)}$$

利用部分分式展开法,有

$$\frac{Y(z)}{z} = \frac{A_1}{z - \frac{1}{2}} + \frac{A_2}{z - \frac{9}{10}}$$

计算待定系数,得

$$A_1 = \left(z - \frac{1}{2}\right)\frac{Y(z)}{z}\bigg|_{z=\frac{1}{2}} = -\frac{9}{8},$$

$$A_2 = \left(z - \frac{9}{10}\right)\frac{Y(z)}{z}\bigg|_{z=\frac{9}{10}} = \frac{9}{8}$$

于是

$$Y(z) = -\frac{9}{8}\frac{z}{z - \frac{1}{2}} + \frac{9}{8}\frac{z}{z - \frac{9}{10}}$$

取其逆 Z 变换即有

$$y(n) = -\frac{9}{8}\mathcal{Z}^{-1}\left(\frac{z}{z - \frac{1}{2}}\right) + \frac{9}{8}\mathcal{Z}^{-1}\left(\frac{z}{z - \frac{9}{10}}\right) = -\frac{9}{8}\left(\frac{1}{2}\right)^n + \frac{9}{8}\left(\frac{9}{10}\right)^n, \; n = 0, 1, 2, \cdots$$

下面,我们给出 MATLAB 求解和图示计算结果的脚本代码:

```
clear all;
syms n positive;
syms z y(n) Y;
LHS = ztrans(2*y(n)- 3*y(n- 1)+y(n- 2),n,z);
RHS = ztrans(0.9^n,n,z)- z^(- 1)*ztrans(0.9^n,n,z);
LHS = subs(LHS,{ztrans(y(n),n,z)},{Y});
LHS = subs(LHS,{y(- 1)},{- 1});
LHS = subs(LHS,{y(- 2)},{- 2});
Y = solve(LHS- RHS,Y);
y = iztrans(Y,z,n)
```

```
n1 =0:50;
y_n = subs(y,n,n1);
stem(n1,y_n);
xlabel('n');
ylabel('y(n)');
```

程序执行结果如图 11.1 所示。

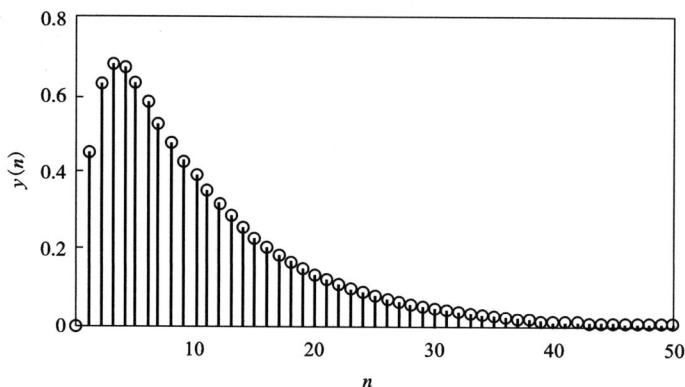

图 11.1   差分方程的 Z 变换求解结果图

在 MATLAB 中,可以利用函数 filtic( )和 filter( )求解差分方程的全解。函数 filtic( )用于为函数 filter( )选择初始条件。下面,我们给出求解例 11.1 的 MATLAB 脚本代码:

```
clear all;
a = [2 -3 1];
b = [1 -1];
yit = [-1 -2];
zi = filtic(b,a,yit);
n = 0:50;
x = 0.9.^n;
y = filter(b,a,x,zi);
stem(n,y);
```

程序执行结果如图 11.2 所示。

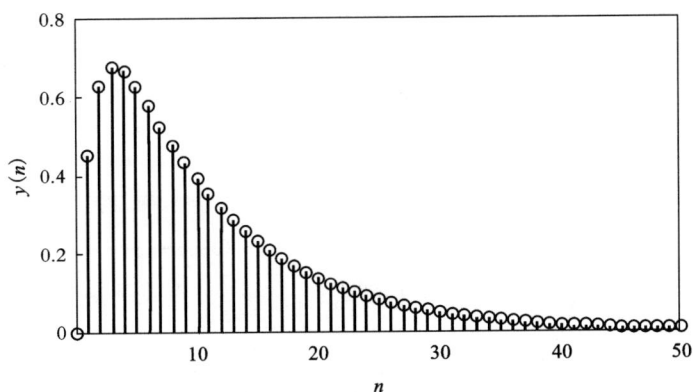

图 11.2 差分方程的 **filter** 求解结果图

2.离散系统的零极点分布

通过系统函数的表达式,可以方便地求出系统函数的零点和极点。系统函数的零点和极点的位置对于系统的时域特性和频域特性有重要影响。位于 Z 平面的单位圆上和单位圆外的极点将使得系统不稳定。

在 MATLAB 中可以借助函数 tf2zp( )直接得到系统函数零点和极点的值,并通过函数 zplane( )来显示系统函数零点和极点的分布。

例 11.2 已知离散时间系统函数为

$$H(z) = \frac{z-1}{z^2-2.5z+1}$$

求该系统的零极点,并绘制零极点分布图。

解 MATLAB 脚本程序如下:

```
clear all;
b=[0,1,-1];
a=[1,-2.5,1];
[z,p,k]=tf2zp(b,a);     % 求离散系统的零点和极点
zplane(b,a);            % 绘制离散系统的零极点分布图
```

程序运行后,求得零点和极点的值:

z=1

p=2.0,0.5

画出零点和极点在 Z 平面的分布图,如图 11.3 所示。

3.离散系统的频率响应

为求解离散系统的频率响应和连续系统的频率响应,MATLAB 分别提供了 freqz( )和 freqs( )两个函数。这里主要讨论离散系统的频率响应。

例 11.3 已知某离散因果系统的系统函数为

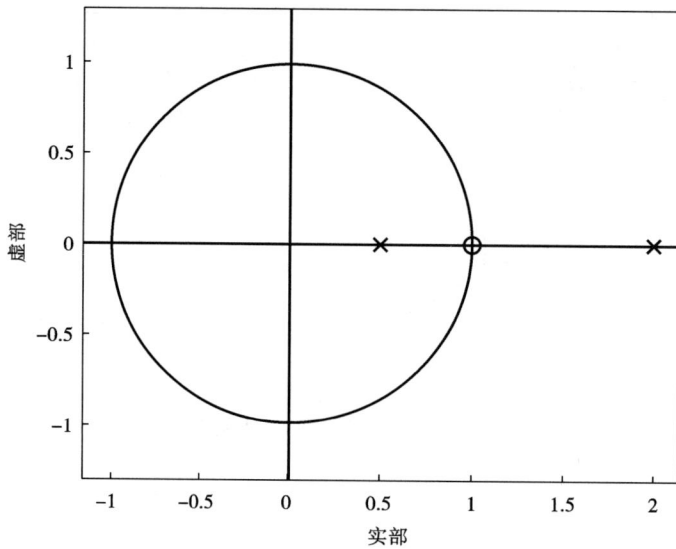

图 11.3 系统函数的零点、极点分布图

$$H(z) = \frac{z^2+2z+1}{z^3-0.5z^2-0.005z+0.3}$$

求该系统的频率响应，并利用 MATLAB 绘制出系统的频率响应曲线。

解　MATLAB 脚本程序如下：

```
clear all;
b=[0,1,2,1];
a=[1,-0.5,-0.005,0.3];
[H,w]=freqz(b,a);
subplot(211)
plot(w/pi,abs(H));
xlabel('频率\omega');
ylabel('幅度');
title('幅频响应');
subplot(212)
plot(w/pi,angle(H));
xlabel('频率\omega');
ylabel('相位');
title('相频响应');
```

程序执行后，系统的频率响应曲线如图 11.4 所示。

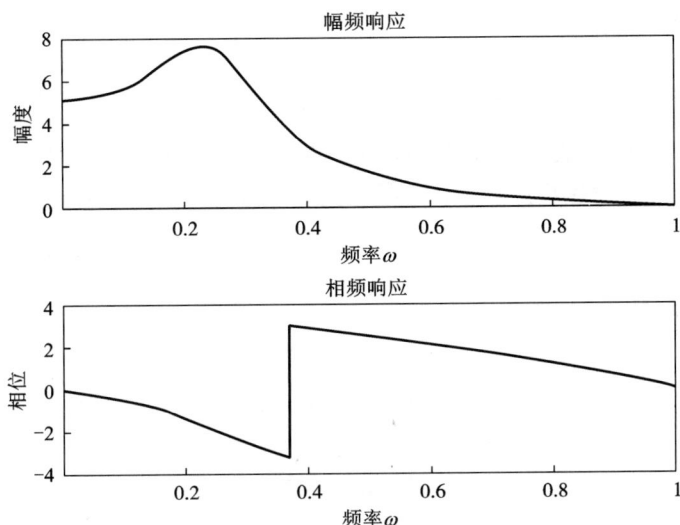

图 11.4 系统的频率响应曲线

四、实验任务

(1)采用 Z 变换求解下列二阶差分方程的初值问题：

$$\begin{cases} 2y(n)-0.5y(n-2)=2x(n)-2x(n-2), & n\geqslant 0 \\ y(-2)=2 \\ y(-1)=3 \end{cases}$$

其中 $x(n)=0.9^nH(n)$。

(2)已知某线性时不变离散时间系统的系统函数为

$$H(z)=\frac{z^2+1}{2z^3-2z^2+z-1}$$

求该系统的零点和极点，并利用 MATLAB 仿真绘制零点、极点分布图。

(3)已知某一离散因果系统的系统函数为

$$H(z)=\frac{z^3+6z^2-z+1}{z^4-0.1z^3-2z^2+3z+0.2}$$

求该系统的频率响应，利用 MATLAB 绘制出系统的频率响应曲线。

五、实验预习要求

(1)认真阅读实验原理，明确本次实验任务。
(2)读懂例题程序，了解实验方法。
(3)根据实验任务预先编写实验程序。

六、实验报告要求

(1)简述实验目的和实验原理。

(2)写出差分方程求解的 Z 变换求解方法,编写 MATLAB 程序代码。

(3)按照实验内容分别编写 MATLAB 程序代码,并对执行结果进行理论分析和说明。

(4)总结实验过程中的主要收获以及心得体会。

七、思考题

(1)系统在原点处的零点、极点对系统的频率响应有何影响?为什么?

(2)系统的零点、极点分布情况与系统的稳定性有什么关系?

(3)系统函数零点、极点的位置与系统冲激响应有何关系?

参考文献

［1］ 李杰，张猛，邢笑雪. 信号处理 MATLAB 实验教程［M］. 北京：北京大学出版社，2009.

［2］ 刘舒帆，费诺，陆辉. 数字信号处理实验(MATLAB 版)［M］. 西安：西安电子科技大学出版社，2008.

［3］ 徐亚宁，唐璐丹，王旬，李和. 信号与系统分析实验指导书(MATLAB 版)［M］. 西安：西安电子科技大学出版社，2012.

［4］ 胡永生，陈巩. 信号与系统实验教程(MATLAB 版)［M］. 北京：科学出版社，2016.

［5］ 张艳萍，常建华. 信号与系统(MATLAB 实现)［M］. 北京：清华大学出版社，2019.

［6］ 刘芳，周蜜. 数字信号处理及 MATLAB 实现［M］. 北京：机械工业出版社，2021.

［7］ 万永革. 数字信号处理的 MATLAB 实现［M］. 北京：科学出版社，2021.

［8］ 童孝忠，郭振威，张连伟. 积分变换及其应用［M］. 长沙：中南大学出版社，2022.

［9］ 刘卫国. MATLAB 科学计算实战［M］. 北京：清华大学出版社，2023.

［10］ 童孝忠，柳建新. MATLAB 程序设计及在地球物理中的应用［M］. 长沙：中南大学出版社，2013.

［11］ PALAMIDES A，VELONI A. Signals and systems laboratory with MATLAB［M］. New York：CRC Press，2011.

［12］ CHAPARRO L F，AKAN A. Signals and systems using MATLAB［M］. Cambridge：Academic Press，2019.

［13］ QUINQUIS A. Digital signal processing using MATLAB［M］. New York：John Wiley & Sons，2011.

［14］ DUFFY D G. Advanced engineering mathematics with MATLAB［M］. New York：CRC Press，2017.

图书在版编目(CIP)数据

数字信号分析与数据处理实验教程／童孝忠，裴婧
编著. —长沙：中南大学出版社，2025.1
ISBN 978-7-5487-5831-0

Ⅰ. ①数… Ⅱ. ①童… ②裴… Ⅲ. ①数字信号－
信号分析－实验－教材②数字信号处理－实验－教材
Ⅳ. ①TN11.72-33

中国国家版本馆 CIP 数据核字(2024)第 089666 号

数字信号分析与数据处理实验教程
SHUZI XINHAO FENXI YU SHUJU CHULI SHIYAN JIAOCHENG
童孝忠　裴婧　编著

□出 版 人	林绵优		
□责任编辑	刘小沛		
□责任印制	李月腾		
□出版发行	中南大学出版社		
	社址：长沙市麓山南路	邮编：410083	
	发行科电话：0731-88876770	传真：0731-88710482	
□印　　装	湖南省汇昌印务有限公司		

□开　　本	787 mm×1092 mm　1/16	□印张 6.5	□字数 162 千字	
□版　　次	2025 年 1 月第 1 版	□印次 2025 年 1 月第 1 次印刷		
□书　　号	ISBN 978-7-5487-5831-0			
□定　　价	33.00 元			